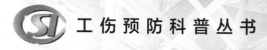
工伤预防科普丛书

工伤事故
典型案例

"工伤预防科普丛书"编委会　编

U0347965

中国劳动社会保障出版社

图书在版编目（CIP）数据

工伤事故典型案例/"工伤预防科普丛书"编委会编 . —— 北京：中国劳动社会保障出版社，2021

（工伤预防科普丛书）

ISBN 978-7-5167-5063-6

Ⅰ . ① 工… Ⅱ . ① 工… Ⅲ . ① 工伤事故 – 案例 – 中国 Ⅳ . ① X928.06

中国版本图书馆 CIP 数据核字（2021）第 193215 号

中国劳动社会保障出版社出版发行

（北京市惠新东街 1 号 邮政编码：100029）

*

北京市艺辉印刷有限公司印刷装订 新华书店经销

880 毫米 × 1230 毫米 32 开本 6.875 印张 140 千字

2021 年 10 月第 1 版 2021 年 10 月第 1 次印刷

定价：25.00 元

读者服务部电话：（010）64929211/84209101/64921644

营销中心电话：（010）64962347

出版社网址：http://www.class.com.cn

"工伤预防科普丛书"编委会

内容简介

　　通过对典型事故案例进行解剖分析，有针对性地进行研究讨论，可使人收获启示并吸取教训，这在工伤事故预防工作中具有十分重要的意义。本书通过对一个个典型的工伤事故案例进行分析，详细介绍了职工在生产劳动过程中应该了解的工伤事故和工伤预防知识。本书内容主要包括：烧伤与烫伤工伤事故典型案例、爆炸伤害工伤事故典型案例、物体打击工伤事故典型案例、交通工伤事故典型案例、机械伤害工伤事故典型案例、中毒窒息工伤事故典型案例、触电伤害工伤事故典型案例、淹溺伤害工伤事故典型案例、高处坠落工伤事故典型案例、坍塌与起重伤害工伤事故典型案例、常见其他伤害工伤事故典型案例和职业病工伤典型案例等内容。

　　本书所选案例典型性、通用性强，事故分析紧抓重点，内容编写浅显易懂，可作为工伤预防管理部门和用人单位开展工伤预防宣传教育工作使用，也可作为广大职工群众增强工伤预防意识、提升安全生产素质的普及性学习读物。

前　言

　　工伤预防是工伤保险制度体系的重要组成部分。做好工伤预防工作，开展工伤预防宣传和培训，有利于增强用人单位和职工的守法维权意识，从源头减少工伤事故和职业病的发生，保障职工生命安全和身体健康，减少经济损失，促进社会和谐稳定发展。

　　党和政府历来高度重视工伤预防工作。2009 年以来，全国共开展了三次工伤预防试点工作，为推动工伤预防工作奠定了坚实基础。2017 年，人力资源社会保障部等四部门印发《工伤预防费使用管理暂行办法》，对工伤预防费的使用和管理作出了具体的规定，使工伤预防工作进入了全面推进时期。2020 年，人力资源社会保障部等八部门联合印发《工伤预防五年行动计划（2021—2025 年）》（以下简称《五年行动计划》）。《五年行动计划》要求以习近平新时代中国特色社会主义思想为指导，全面贯彻党的十九大和十九届二中、三中、四中、五中全会精神，坚持以人民为中心的发展思想，完善"预防、康复、补偿"三位一体制度体系，把工伤预防作为工伤保险优先事项，通过推进工伤预防工作，提高工伤预防意识，改善工作场所的劳动条件，防范重特大事故的发生，切实降低工伤发生率，促进经济社会持续健康发展。《五年行动计划》同时明确了九项工作任务，其中包括全面加强工伤预防宣传和深入推进工伤预防培训等内容。

结合目前工伤保险发展现状，立足全面加强工伤预防宣传和深入推进工伤预防培训，我们组织编写了"工伤预防科普丛书"。本套丛书目前包括《〈工伤保险条例〉理解与适用》《〈工伤预防五年行动计划（2021—2025年）〉解读》《农民工工伤预防知识》《工伤预防基础知识》《工伤预防职业病防治知识》《工伤预防个体防护知识》《工伤预防应急救护知识》《建筑施工工伤预防知识》《矿山工伤预防知识》《化工危险化学品工伤预防知识》《机械加工工伤预防知识》《尘毒高危企业工伤预防知识》《交通与运输工伤预防知识》《冶金工伤预防知识》《火灾爆炸工伤预防知识》《有限空间作业工伤预防知识》《物流快递人员工伤预防知识》《网约工工伤预防知识》《公务员和事业单位人员工伤预防知识》《工伤事故典型案例》等分册。本套丛书图文并茂、生动活泼，力求以简洁、通俗易懂的文字普及工伤预防最新政策和科学技术知识，不断提升各行业职工群众的工伤预防意识和自我保护意识。

本套丛书在编写过程中，参阅并部分采用了相关资料与著作，在此对有关著作者和专家表示感谢。由于种种原因，图书可能会存在不当或错误之处，敬请广大读者不吝赐教，以便及时纠正。

"工伤预防科普丛书"编委会

2021年6月

目　录

烧伤与烫伤工伤事故典型案例

1.1 电弧灼伤事故

1. 事故简述

2018 年 5 月 31 日 16 时 55 分左右，泰兴市某化学公司南厂 A 区 3 号配电站在更换配电柜配件时发生一起一般电弧灼伤事故，造成 1 人受轻伤，直接经济损失 15.74 万元人民币。事故调查组经过对事故原因进行调查分析，认定这起电弧灼伤事故是一起生产安全责任事故。

事故经过：2018 年 5 月 31 日上午，王某林（五冶公司泰兴项目部电气班班长，五冶公司系化学公司维护保养外协单位）接到孙某（化学公司保养一科电气一班班长）通知，新浦公司南厂 A 区 3 号 MCC 插座发热，需要处理。王某林向化学公司申请办理电气第二种作业票，并做好准备工作。13 时 40 分左右，王某林带领刘某、赵某季对 3 号 MCC 配电柜进行维修。16 时左右，赵某季离开作业现场，王某林和刘某开始维修配电柜（2P-8207C）抽屉插件，丁某兵（化学公司保养一科电气一班操作工，持有有效低压、高压电工特种作业操作证）来到现场检查维修情况，发现带来的新插件与老插件不一致（新插件比较宽，且没有顶杆）且配电柜有安全挡板，不能安装。丁某兵询问刘某应如何处理，刘某告知其将安全挡板敲碎。丁某兵先用尖嘴钳敲碎安全挡板，然后准备用尖嘴钳清理母排上的挡板碎块，在尖嘴钳尖头靠近母排瞬间产生电弧，丁某兵右臂衣袖着火，脸部和颈部被电弧烧伤。

2. 事故原因

经事故调查组调查分析，发生该起事故的原因如下：

（1）直接原因

丁某兵使用尖嘴钳清理配电柜母排上挡板碎块时，尖嘴钳尖头未与带电母排保持安全距离导致瞬间产生电弧，将丁某兵烧伤。

（2）间接原因

1）安全制度未落实。化学公司任用不具备工作负责人资格的王某林作为此次作业负责人。五冶公司在新更换配电柜插件与原插件不一致的情况下违反安全管理规定进行修理工作，而未重新履行工作许可手续。

2）现场管理不到位。五冶公司未对现场作业人员的安全认真监护，未及时发现并纠正作业人员违章行为。

3. 事故启示

电烧伤主要包括电弧烧伤所引起的体表热烧伤和电流通过人体所引起的电接触烧伤。

电弧烧伤是指电流通过空气介质或电路短路时产生强大的弧光和火花对人体产生的伤害，电流并没有进入人体。弧光温度达 2 000~3 000 ℃，但持续时间短，因此一般为Ⅱ度烧伤。电接触烧伤是指人体与电源直接接触后电流进入人体，电在人体内转变为热能而造成大量的深部组织如肌肉神经的损伤，人体体表上电流的进出口处会形成较深的创面。

此事故案例带来的启示如下：

（1）生产经营单位在进行有关带电作业时，应遵守电力（业）安全工作类规程》，此类规程汇集了《电业安全工作规程 第 1 部分：热力和机械》（GB 26164.1—2010）、《电力安全工作规程 电力线路部分》（GB 26859—2011）、《电力安全工作规程 发电厂和变电站电气部分》（GB 26860—2011）、《电力安全工作规程 高压试验室部分》（GB 26861—2011）四个电气安全作业标准。严格按照安全规程作业，能够有效避免带电事故的发生。

（2）企业要认真开展安全生产教育培训，组织员工认真学习各项制度和操作规程，杜绝违章作业；要坚持定期检查和随机抽查相结合，检查员工是否按照相关制度和操作规程进行作业，及时制止违章作业行为的发生；要加大违章惩处和警示教育力度，发现违章作业要从严惩处，并在适当范围内曝光；要进一步提高法律意识，对造成人员受伤、伤亡情况无法预计及重大涉险事故要及时依法报告。

（3）企业的外协单位（如本案例里的五冶公司）要认真落实安全生产岗位责任，特别是作业负责人要严格履职，保障作业的安全进行；要组织学习相关制度，督促员工严格按照制度进行作业；要加强作业现场管理，及时制止违章作业行为。

4．电弧灼伤事故的预防措施

（1）非电工不得从事电工作业。

（2）电工要经过培训、考核、取证后才能从事电气作业。

（3）一切电工作业应按保证安全的组织措施和技术措施进行。

（4）作业前必须穿戴好电气安全防护用具，电工作业时必须集中注意力。

（5）检修电气设备时，停电、验电、放电不能忘。断电检修时要设监护人。

（6）装设临时接地线、遮栏要悬挂标示牌。设临时线路要审批，施工中要小心谨慎，防止坠落或出现其他意外伤害。

（7）定期检查、按时测试、消除隐患。

（8）发生触电事故，要先切断电源并迅速抢救，同时立即报告。

（9）在电气作业时，为保障电气作业人员的安全，避免事故的发生，应牢记和遵循电气安全"十不准"。具体内容如下：

1）未持电工特种作业操作证，不准安装、维护电气设备。

2）任何人不准乱动电气设备和开关。

3）不准使用不合格的电气设备或工器具。

4）电热设备和灯泡将电能转换成热能，工作温度较高，稍有不慎，易引发火灾事故，因此不准用来取暖。

5）检修设备停电过程中，任何人不准擅自合闸和拔去熔断器，熔断丝熔断后，不准随意加大容量或更换铝（铜）丝等。

6）电气警示牌的作用是提醒电气作业人员避免发生误操作或误入带电区域，不准启动挂有警示牌的电气设备。

7）未办动火票不准在电缆夹层或电缆沟进行明火作业。未办任何手续时，不准在埋有电缆的地方进行打桩和动土。

8）不准随意进入或接近高压电气设备区域。

9）未办工作票（操作票）不准进行电气作业（操作）。

10）发现有人触电，不准在未切断电源时解救触电者。

1.2　生产装置火灾烧伤事故

1. 事故简述

2004 年 9 月 6 日，辽阳市某炼油厂发生烧伤事故，事故造成 1 人死亡，直接经济损失 19.65 万元。

事故经过：2004 年 9 月 6 日 18 时 40 分，辽阳市某炼油厂操作人员在对加氢裂化装置进行正常巡检时，突然听到从高压分离器处传来一声闷响，正准备下班的炼油厂加氢裂化装置工程师周某昌接到装置生产助理王某业报告后立即赶到现场，安排当班班长张某和装置生产助理王某业佩戴好正压式呼吸器对现场进行查寻漏点。19 时左右，当二人检查至高压分离器的玻璃板液位计时，从高压分离器的玻璃板液位计二段右侧高压垫片泄漏点处喷出的高压氢气突然着火，张某全身被烧。现场人员立即报警并按照应急预案进行紧急处理。与此同时，上级公司总经理沈某成及应急领导小组成员赶到现场，组织救援灭火，张某被救护车送到医院进行抢救。19时40分，消防救援队将火扑灭。张某经医院诊断烧伤面积为84%（浅Ⅲ度），因出现多脏器并发症，抢救无效，于2004年9月23日11时40分死亡。

2. 事故原因

经事故调查组调查分析，发生该起事故的原因如下：

（1）直接原因

石化分公司炼油厂加氢裂化装置高压分离器的玻璃板液位计中间段一侧的石墨金属增强垫片（中间部分）裂开，造成了物料（15.8兆帕高压氢气）泄漏并与空气摩擦产生静电而起火。

（2）间接原因

1）辽阳市某仪表公司对事故的高压分离器玻璃板液位计进行了检修并出具了合格证。事故发生后经调查组认定，该仪表公司将玻璃板液位计的垫片更换为非原装件，给高压分离器玻璃板液位计的安全运行留下了事故隐患，在该装置催化剂进行初始硫化和氢气循环时垫片开裂，氢气泄漏，是该起事故发生的主要原因。

2）炼油厂在检修高压玻璃板液位计后，片面地认为将高压玻璃板液位计送到专门厂家检修就万事大吉了，放松了严格验收和跟踪管理；分管此项工作的领导和具体工作人员在高压玻璃板液位计等高压设备管理上存在责任不落实等薄弱环节，对安全生产工作重视不够。

3. 事故启示

绝大部分火灾事故都会造成人员热烧伤或死亡，石化行业中的火灾发生后往往还会造成爆炸事故。据应急管理部危化监管司《2019 年全国化工事故分析报告》，2019 年全国化工行业共发生爆炸事故 31 起，占事故总量的 18.9%，事故数量位居所有事故类型第一位，火灾事故 14 起，占事故总量的 8.5%。这说明化工行业火灾爆炸事故的预防工作十分重要。

（1）火灾爆炸事故特点

1）严重性。火灾爆炸事故比较容易造成重大人员伤亡。

2）复杂性。发生火灾爆炸事故的原因往往比较复杂。例如发生火灾和爆炸事故的条件之一点火源，就有明火、化学反应热、物质的分解自燃、热辐射、高温表面、撞击或摩擦、绝热压缩、电气火花、静电放电、雷电和日光照射等多种；至于另一个条件可燃物，则更是种类繁多，包括各种可燃气体、可燃液体和可燃固体，特别是化工企业的原材料、化学反应的中间产物和化工产品，大多属于可燃物质。加上发生火灾爆炸事故后由于房屋倒塌、设备炸毁、人员伤亡等，也给事故原因的调查分析带来不少困难。

3）突发性。火灾爆炸事故往往是在人们意想不到的时候突然发生的。虽然存在着事故征兆，但一方面是由于目前对火灾爆炸事故的监测、报警等手段的可靠性、实用性和广泛性等尚不理想；另一方面，则是因为至今还有相当多的人员（包括操作者和生产管理人员）对火灾爆炸事故的规律及其征兆了解和掌握得不够，使火灾爆炸的事故苗头没有被及时发现。

（2）本起事故启示

本案例是化工企业生产装置发生的火灾，为了预防这类火灾爆炸事故的发生，石油化工行业生产经营单位和职工应做好以下几个方面：

1）建立健全完整的安全操作规程，做好企业安全生产标准化。

2）加强对职工的安全教育培训，创设良好的企业安全文化，提高全员安全意识、安全知识、安全素质，同时培养职工具有良好的应急救援能力。

3）做好作业相关设备的可靠性维护与技术创新，增大火灾事故预警技术的投入，加强职工个体防护和企业应急救援能力。

4）职工应积极学习安全知识，严格按照安全操作规程进行作业，充分认识作业过程中的危险性因素，不违章操作和冒险作业。

4. 生产装置火灾烧伤事故的预防措施

石化企业生产装置易发生火灾，做好热烧伤事故的预防措施，会大大降低石油化工火灾的发生率。生产装置火灾热烧伤事故的预防措施主要包括以下几个方面：

（1）抓好基础阶段的防火工作

设备泄漏、电气故障等一些引发火灾的主要原因往往源于基础阶段。要降低石化企业火灾发生概率，抓好基础阶段的防火工作十分重要。它主要包括两个方面：一是设备的设计、选材、制造和布置及安装均应符合有关标准、规范。严格把好设计关，根据不同工艺过程的特点，选用相应的耐高温或低温、耐腐蚀、满足压力要求的材质，采用先进技术进行制造和安装，特别是有爆炸危险性场所的电气设备应正确设计选型。二是新建、改建、扩建生产装置布局，单元设备布置，防火安全设施的设计和实施应遵循有关规范，严格做好防火审核工作，并通过严格的试车和验收，夯实防火安全基础。

（2）提高生产操作技术水平

一方面应加强职工的工艺和操作纪律，制定并严格执行操作规程，提高职工业务素质和操作技能，制定生产类事故应急预案，并定期进行演练，以提高职工事故状态下的应变能力。另一方面，要对装置原有的生产操作控制系统进行改造，如进行分散控制系统（DCS）改造，尽可能地采用最新科学技术，运用全自动程序控制系统进行生产操作中的检测、调节、操纵工作，自动完成全部生产工序，正常控制温度、压力、流量和液位等工艺参数，减少人为操作失误。还应采用联锁、联动控制系统，在设备、装置出现异常情况，如设备损坏、泄漏、动力源中断时，及时报警并自动采取措施消除隐患。

（3）控制火源

火源是发生火灾的三个必要条件之一，控制火源是预防火灾的有效措施。石油化工生产中火源繁多，如明火、高热物或高温表面、电气火花、静电火花、冲击与摩擦、绝热压缩、自燃发热、热辐射等。控制火源有以下措施：

1）明火的控制。建立严格的明火使用及管理制度，杜绝非必要明火在厂区出现。对生产用火应严格审核，加强检查，特别是要加强检修动火的管理，坚持抓好"三不动火"工作（即没有动火证不动火；防火措施不落实不动火；监护人不在现场不动火），杜绝各种违章动火现象。

2）电气火花和静电火花的控制。危险场所应采用本质安全防爆电气设备，控制电气火花，采用抑制、接地、增湿等方法消除静电火花。

3）高温表面的控制。采用冷却降温、绝热保温、隔热措施控制高温表面，使其不能作为点火源。

4）冲击与摩擦。要采用新工艺和新设备在生产操作中避免冲击与摩擦产生火花，如用非金属材料制作冲击或摩擦工具，加强设备的润滑保养。

5）加强其他火源控制。

（4）化学危险物的处理

化学危险物的处理，应根据生产工艺特点或物质的物理化学性质，分别采取措施，在生产中可采用密闭操作或惰性气体保护及通风置换等工艺手段。如对本身具有自燃能力或遇空气自燃、遇湿燃烧的物质，应分别采取隔绝空气、防水防潮、通风、散热、降湿等措施；对相互接触能引起燃烧爆炸的物质，应分别存放等。

（5）防火安全装置的设置

1）阻火设备。包括安全液封、水封井、阻火器、单向阀、阻火阀等，其作用是防止火焰进入设备、管道或阻止火焰在其间扩展。

2）防爆泄压设备。包括安全阀、爆破片（防爆片）、放空管等，安装于压力容器、管道等生产设备上，起降压防爆作用。

3）火星熄灭器。安装于产生火星的设备和装置，防止火星飞出引燃可燃物，如机动车辆使用的火星熄灭器。

4）消防自动报警器。一种用于自动检测可燃气体浓度，当浓度达到一定值时自动报警或启动联锁装置自动停车；另一种用于发生火灾时及时报警并启动自动灭火联锁设施，以快速灭火。

（6）搞好生产装置的火灾危险评价

石化企业须对现有生产装置进行火灾危险评价，找出生产中各种潜在火灾危险因素，从而为消除隐患、保证安全生产提供具体而可靠的依据。评价是以生产设备为主体，逐一分析生产过程中所用物质的火灾爆炸敏感性及工艺参数，再综合起来定量分析出装置火灾危险度等级以及相应的防火安全标准，通过对照此标准再进行多种有效的防火安全检查，及时找出不足之处，采取措施，整改火灾隐患。特别是应吸取石化企业发生事故的教训，根据生产装置火灾危险度评价结果，确定企业的重点生产装置及重点检查、重点监督管理的内容和方式以确保生产安全。

1.3　化学灼伤事故

1. 事故简述

2017 年 7 月 22 日 10 时 11 分，广州市某化工有限公司（以下简称化工公司）发生一起浓硫酸灼伤人员事故，事故直接经济损失 23 万元。经调查认定，本起化学灼伤重伤事故是一起生产安全责任事故。

事故经过：2017 年 7 月 22 日 8 时许，化工公司提纯车间调和作业员杜某才进行浓硫酸卸酸作业，共卸浓硫酸 17 吨，用时约 2 小时。卸酸作业完成后，杜某才离开了提纯车间。10 时 8 分许，仓库作业员李某平进入提纯车间找杜某才，准备将低位 1 号硫酸罐的浓硫酸（质量分数 95%）用浓硫酸泵抽到高位 6 号硫酸罐。两人打了招呼之后，杜某才打开 1 号硫酸罐的阀门然后到车间外面的泵浦区转换 6 号硫酸罐的管路阀门，而李某平则在窗口处观看杜某才进行操作。杜某才操作完后，起身站到一旁，李某平则返回车间的硫酸泵的电源开关处开启了硫酸泵。杜某才因感觉 6 号硫酸罐的管路阀门没有完全打开，准备再去打开阀门，但因硫酸泵的电源开关已接通，硫酸产生的压力冲裂了硫酸泵的前盖（聚偏氟乙烯材质），浓硫酸透过前盖的裂缝喷射到正在俯身开阀门的杜某才身上，导致其全身多处深 II 度烧伤。

2. 事故原因

经事故调查组调查分析，发生该起事故的原因如下：

（1）直接原因

化工公司提纯车间职工杜某才在操作 6 号硫酸罐的管路阀门时未能将阀门完全打开，在李某平开启硫酸泵电源后，因阀门未能完全打开导致管内压力增大，致使硫酸泵的前盖破裂。同时因杜某才与仓库管理员李某平沟通不到位，杜某才在李某平开启了硫酸泵的情况下仍进入 6 号硫酸罐的管路阀门处作业，最终在硫酸泵前盖破裂时，管内的硫酸由于压力的作用喷射到未穿戴劳动防护用品的杜某才身上，导致化学灼伤事故的发生。

（2）间接原因

1）化工公司安全管理不到位。该公司虽制定有危险化学品管理相关制度和电池液（硫酸）装卸操作规范，但在实际管理过程中，制度落实不到位，致使无关人员随意进入管制车间违章操作。

2）化工公司职工安全意识淡薄。该公司职工对浓硫酸的危险性认识不足，安全教育和培训流于形式，未能严格执行本单位制定的安全管理制度和操作规程，在作业过程中不按规定穿戴劳动防护用品。

3. 事故启示

化工生产经营单位在生产、使用、储存、运输、经营危险化学品过程中，作业人员都可能会直接接触危险物质，尤其是一些具有毒害、腐蚀、爆炸、燃烧、助燃等性质的危险化学品。因此在化工行业里，有效的化工安全管理和个人防护成为重中之重。

（1）针对其行业特殊性，本案例启示化工生产经营单位应做到以下方面：

1）严格执行安全操作规程，按照各种安全生产标准化措施进行安全管理，做好企业隐患排查和风险治理。

2）加强对作业人员的安全教育培训，为作业人员配备有效的劳动防护用品，提高作业人员的安全意识。

3）做好危险物质监控监测工作，做到事故前有效预防。

（2）化工生产经营单位作业人员应做到以下几个方面：

1）加强对危险化学品危险性的认识，了解事故预防措施和应急救援措施。

2）提高安全意识、安全知识、安全素质，同时应了解并懂得一定的急救知识。做到"四不伤害"（即不伤害自己、不伤害他人、不被他人伤害、保护他人不受伤害），不发生"三违"（即违章指挥、违规作业、违反劳动纪律）。

3）在作业过程中，必须做好个人防护，穿戴必备的劳动防护用品才能开展作业。

4. 化学灼伤事故的预防措施

化学灼伤（酸、碱、盐、有机物引起的体内外灼伤）事故往往是伴随着生产事故或设备、管道等腐蚀、断裂时发生的，它与生产管理、操作、工艺和设备等因素有着密切关系，因此必须采取综合性安全技术措施才能有效地预防。化学灼伤事故的预防措施主要包括以下几个方面：

（1）采取有效防腐措施

在化工生产中，由于强腐蚀介质作用及生产过程中高温、高压、高流速等条件会对机器设备和作业人员造成腐蚀，防腐措施主要有采用防腐材料、穿戴防腐蚀性劳动防护用品等。

（2）改进工艺和设备结构

在使用具有化学灼伤危险物质的生产场所，在设计时应预先考虑防止物料外喷或飞溅的合理工艺流程、设备布局、材质选择及必要的控制、输导和防护装置。当发现生产工艺不符安全要求时，应及时改进。

（3）加强安全预测检查

如使用超声波测厚仪、X射线仪等定期对设备进行检查，或采用将设备开启进行检查的方法，以便及时、准确地判断设备的损伤部位与损坏程度，消除安全隐患。

（4）加强安全防护措施和个人防护

操作人员应增强自我保护意识，严格遵守安全操作规程，使用适当的劳动防护用品，时刻注意防止危险化学品伤害自身。无论是哪个工种人员，都应对本岗位作业过程中可能发生的各种意外情况做好应急处理的准备，以便在意外发生时能及时采取应急措施。

1.4　物理烫伤事故

1. 事故简述

2018 年 5 月 22 日 20 时 22 分许，宁夏某钢铁公司发生一起物理烫伤事故，共造成 2 人死亡、9 人受伤，直接经济损失 860 余万元。经事故调查组认定，该起事故是一起因隐患排查治理不及时、安全管理不到位造成的生产安全责任事故。

事故经过：2018 年 5 月 22 日 15 时 40 分许，钢铁公司 6# 炉二班（中班）班长李某接班后和副炉长李某强发现 3 号电极压力环有少量点状漏水问题，两人认为电极压力环漏水量小，问题不大，便没有向公司有关负责人报告。

20 时 22 分许，当班班长李某准备通知一楼的出炉工出第二口铁水，当其从 6# 炉二层炉面东边的楼梯下至第二个台阶时，便听到"轰"的一声，随即转身看到多名炉前工人身上着火。他立即向炉面操作室跑去，通知采取停电、停水措施。此时，操作室内的副炉长李某强和仪表工张某已将炉上的电和水停了。当班班长李某、副炉长李某强等人立即组织现场人员使用灭火器和自来水，扑灭受伤炉前工身上的火，并电话通知了公司的总经理和生产副经理，同时拨打了120急救电话。了解了相关情况之后，钢铁公司总经理立即电话向市安全监管局负责人报告了事故简要情况，同时事发企业现场负责人及管理人员也先后赶到事故现场，组织疏散受伤人员。经清点核实，事故造成11名炉前工人不同程度灼烫伤。

2. 事故原因

经事故调查组调查分析，该起事故的原因如下：

（1）直接原因

6#硅铁矿热炉膛内3#电极压力环底部不定型耐火材料脱落后，3#电极附近料面透气性不好引起刺火，刺火高温将3#电极压力环底板烧穿，造成3#电极压力环内循环冷却水泄漏，循环冷却水进入炉内与半熔融状的炉料相遇，水汽化造成炉内压力突然增大引发喷炉造成人员被灼烫事故发生。

（2）间接原因

1）企业主体责任落实不到位。钢铁公司安全生产责任制没有得到层层落实，主要负责人及管理人员安全生产事故防范意识不强，对循环冷却水泄漏问题存在的事故风险认识不足，没有结合循环冷却水设备使用状况，未制订6#硅铁炉内循环冷却水系统定期检修保养计划，未进行全面的专业性检修，对存在的事故隐患没有及时排除。

2）职工安全生产意识不强。钢铁公司安全培训教育不到位，岗位操作人员安全生产意识不强，未按照规定佩戴劳动防护用品，存在违反安全操作规程和管理规定作业行为。

3. 事故启示

炼钢生产过程中，铁包、转炉、钢包、中间包等设备在工作时容易引发灼烫事故，在铸炉熔化的铁水倾注、撇渣、注模、转运等作业中，如果作业人员操作失误使铁水撒落，且劳动防护用品穿戴不整齐、防护措施不到位，便容易发生灼烫事故。高温的铁水如果遇到水，将使水急剧汽化，产生物理性爆炸，爆炸将使高温的铁水和水蒸气四处飞溅，对人员造成严重的烫伤，甚至死亡。冶金作业灼烫事故一般对作业人员造成较大危害，因此无论企业还是职工个人，都应采取有效措施防范事故。

本案例中涉事企业没有针对危险性较大的设备设施进行安全检查，存在不重视作业安全的风险，而作业人员也存在安全意识薄弱、自我防护水平低下的问题，本可以通过佩戴劳动防护用品来减轻事故对自身造成的伤害，却因自身问题导致悲剧发生。

4. 物理灼烫事故的预防措施

（1）物料（如液态熔融金属、红焦、蒸气等）在高温状态下，流动性好，容易诱发灼烫事故，要充分辨识此类危险源并制定相应的安全防范措施，完善相应的安全操作规程，严禁冒险作业。各类煅烧窑、焙烧窑等高温有限空间严禁人员进入清理堵料。清理炉窑、料管堵料还要预防突然塌落危险和高温物料喷溅伤人。

（2）要针对金属冶炼、轧制、加工、发电、化工等易出现高温、高压的特点，加大设备设施的维护管理（如地沟盖板的防缺失、踏翻，管道、法兰、泵、阀门的防泄漏等）；还要加强员工操作前的安全风险告知和安全确认，做好灼烫预防，加强劳动防护用品的穿戴监管，尤其是护目镜的佩戴管理。

（3）规范铁水、钢水等高温熔融金属的作业管理，培养成按安全标准操作的习惯，不可因高温或操作不便而不佩戴劳动防护用品，不可因贪图方便而冒险直接接近高温液体；要正确配备劳动防护用品，眼镜、面罩必不可少，还要正确佩戴好防护脚套。

1.5　化学爆炸伤害事故

1. 事故简述

2017 年 10 月 13 日 5 时 32 分左右，安徽某化学科技有限公司（以下简称化学科技公司）生产车间发生爆炸，引发火灾。事故造成 1 人死亡、3 人受伤，直接经济损失 140 万元。

事故经过：13 日凌晨 3 时左右，工人将 8# 釜（接受槽）内溶剂甲醇放入 200 升铁桶中，共放 4 桶（现场核查发现其中的 1 桶物料只有半桶）。这时工人穆某某在 4# 反应釜通过视镜观察釜内物料较少，改减压蒸馏（用水冲泵拉真空），直至 4 时左右，此时 4# 反应釜的温度约 60 ℃、压力 −0.09 兆帕。随后，他便离开车间回员工生活区内的办公室休息，由当班化验员张某负责车间现场技术指导。凌晨 5 时 10 分，负责电气设备巡查工作的李某某巡查到二楼 4# 反应釜时，发现 4# 反应釜数显表温度不显示，水银温度计已超出最高刻度线（水银温度计刻度 0~100 ℃），便对张某和刘某某说要检查一下温度是否超标，张某和刘某某没有回答李某某。之后，张某关闭了二楼 4# 反应釜蒸汽阀，并让刘某某到一楼把 4# 反应釜的蒸汽回流管道疏水阀打开。刘某某打开疏水阀后，走到一楼钢操作平台，观察接收罐上的视镜，此时是凌晨 5 时 20 分左右。此后，张某也从二楼下到一楼钢操作平台，与刘某某一起观察回流情况，观察 1~2 分钟后，发现视镜内基本没有液体流出，于是张某就让刘某某下到一楼关闭真空水泵，在刘某某从一楼钢操作平台下到铁梯一半位置时，4# 反应釜发生爆炸（时间在 5 时 32 分左右）。

2. 事故原因

经事故调查组调查分析，发生该起事故的主要原因有两个方面。

（1）直接原因

在 1- 羟基 -4-（4- 甲基苯基）-2- 甲肟咪唑 -3- 氧化物的制备阶段，4# 反应釜内温度超标，甲醇蒸馏过度，导致釜内具有分解爆炸危险性的游离羟胺达到分解爆炸温度，从而发生分解爆炸，进而引发火灾。

（2）间接原因

1）违法擅自更改生产工艺和产品。化学科技公司原申报项目为新建年产 2 000 吨吡蚜酮建设项目，在未经安全监管部门同意、未履行安全设施"三同时"的情况下，违反《安全生产法》《危险化学品安全管理条例》等相关规定，擅自变更生产工艺和产品，试生产氰霜唑，并且氰霜唑项目为该公司首次使用的化工工艺。按有关文件规定，国内企业首次使用的化工工艺，须经过省级有关部门组织的安全可靠性论证才可以投入使用，而该项目未经安全可靠性论证，在小试后直接进行工业化生产。

2）非法违规试生产。化学科技公司明知变更生产工艺和产品需要履行安全设施"三同时"程序，但正规的行政许可程序需要经过多次审批，费时较长。为了达到让企业快速运营、尽快盈利的目的，该公司采用欺骗的手段，冒用吡蚜酮项目向市、县安全监管部门申请试生产方案备案。专家组在评审试生产方案时明确要求该公司必须对试生产方案和生产现场存在的16个问题进行整改，整改完成后才能进行吡蚜酮项目试生产。而该公司在隐患尚未整改到位的情况下，公然违反《危险化学品建设项目安全监督管理办法》的规定，违法进行投料试生产。

3）安全、技术管理混乱：

①安全生产责任体系不落实，规章制度形同虚设，未有效开展事故隐患排查治理工作，未及时发现并消除事故隐患。

②现场管理混乱，试生产期间没有明确各班带班领导干部和技术人员，也未严格执行领导干部与技术人员现场带班制度，现场带班领导干部与技术人员全部脱岗。

③安全、技术管理严重缺位，主要负责人和安全管理人员未经安全监管部门教育培训，不具备与本单位所从事的生产经营活动相应的安全生产知识和管理能力；生产车间未按规定安排专职安全管理人员进行现场管理。

④以保密为借口，安全技术规程和原辅材料均以代号表示，操作工进厂时间短，对每一种物料的成分、特性不熟悉，操作手册中无详细的工艺指标、正常安全操作要点、异常情况应急处理

等内容。

⑤试生产工艺参数无记录，无法追溯生产过程。

⑥安全生产教育培训严重缺失。职工对公司实际生产、使用的危险品知识缺乏了解，缺乏化工生产实际操作方面的培训。

⑦在事故发生以后，未向安全监管部门报告事故。

4）生产设备存在安全隐患。化学科技公司安全生产投入不足，生产车间内生产设备未安装高低液位报警装置，未安装温度、压力超限报警和安全联锁等装置，安全仪表自动化程度低。发生爆炸的4#反应釜上安装的温度计量程较小，无法测量釜内实际温度。

5）未按规定建立应急救援组织，未开展重大危险源登记备案。化学科技公司未按规定建立应急救援组织，也未指定专职或兼职的应急救援人员；未根据企业实际生产状况，针对理化性质各异、处置方法不同的危险化学品制定针对性的生产安全事故应急处置预案；未按照规定，对本单位的甲苯、甲醇等危险化学品生产设施、存储场所开展重大危险源辨识，未开展重大危险源登记建档，未定期检测、评估、监控作业场所内的安全隐患，未告知职工和相关人员在紧急情况下应当采取的应急措施，也未将重大危险源向安全监管部门进行登记备案。

6）未按要求签订劳动合同、参加工伤保险、购买安全生产责任险。化学科技公司未按照《劳动法》的规定，与职工签订劳动合同，未告知职工工作岗位存在或可能存在的危险、有害因素，未告知防范生产安全事故和职业危害的应急处置措施；未按照《工伤保险条例》的规定，为职工办理工伤保险；未购买安全生产责任险。

3. 事故启示

化工行业生产经营单位发生爆炸事故时常发生，如"天津港'8·12'瑞海公司危险品仓库特别重大火灾爆炸事故""江苏响水天嘉宜化工有限公司'3·21'特别重大爆炸事故"等都造成了巨大的人员伤亡和财产损失，因此必须要重视预防工作。

从许多事故案例来看，预防化工企业爆炸事故不仅在于企业和职工，还需要政府部门的有效监管。只有化工企业真正按照安全标准来进行生产经营等活动，政府部门真正履行安全监管的职责，化工行业爆炸事故才可得到有效避免。

同时应注意到，本案例涉事企业在安全文化、安全管理、安全措施等方面都没有做到位，其瞒报谎报的违法行为使上级监管单位难以对企业安全生产工作监督检查到位。涉事企业在事故前已经积累了事故发生的基本隐患，危险性巨大。

4. 化学爆炸伤害事故的预防措施

（1）控制与消除火源

1）明火

①工业生产中的明火主要指生产过程中的加热用火、维修用火及其他火源。

②加热易燃物质时，应尽量避免采用明火，应采用蒸汽或其他载热体。如果必须采用明火，设备应严格密闭，燃烧时应与设备分开或妥善隔离。

③在有火灾、爆炸危险的车间内，尽量避免焊接作业，进行焊接作业的地点要和易燃易爆的生产设备保持一定的安全距离；如需对生产、盛装易燃易爆物料的设备和管道进行动火作业时，应严格执行有关规定，确保动火作业的安全。

④烟囱飞火和汽车、拖拉机的排气管喷火，都能引起可燃物的燃烧、爆炸。因此，炉膛内燃烧要充分，烟囱要有足够的高度；汽车、拖拉机的排气管上要安装火星熄灭器等。

2）摩擦与撞击。机器轴承等转动部位的摩擦、铁器相互撞击或铁制工具敲打混凝土地坪等都有可能产生火花，当管道或容器破裂后物料喷出时也可能因摩擦而起火。具体措施包括以下四项：

①轴承要及时注油，保持良好的润滑，并经常清除附着的可燃污垢。

②安装在易燃易爆场所的易产生撞击火花的部件，如鼓风机上的叶轮等，应采用铝铜合金、铍铜锡或铍镍合金；撞击工具用铍铜或镀铜的钢制成；使用特种金属制造的设备应采用惰性气体保护等。

③为防止金属零件随物料进入设备内发生撞击起火，可在粉碎机等设备上安设磁铁分离器清除物料中的铁器。

④搬运盛有可燃气体或易燃液体的容器、气瓶时要轻拿轻放，严禁抛掷，防止相互撞击；不准穿带钉子的鞋进入易燃易爆车间；特别危险的场所内，地面应采用不发生火花的软质材料铺设。

3）电火花。电火花是引起火灾爆炸事故的重要原因，因此要根据爆炸和火灾危险场所的区域等级和爆炸物质的性质，对车间内的电气动力设备、仪器仪表、照明装置和配线等，分别采用防爆、封闭、隔离等措施。防爆电气设备的选型等要遵照有关标准执行。

4）其他火源。防止静电、雷电引起的灾害；防止易燃物料与高温的设备、管道表面相接触；高温表面应有隔热保温措施。

（2）危险物品的处理

1）首先应尽量改进工艺，以火灾爆炸危险性小的物质替代危险性大的物质。

2）对于本身具有自燃性质的物质、遇空气能自燃的物质以及遇水能燃烧爆炸的物质，应采取隔绝空气、防水、防潮或通风、散热、降温等措施，以防止物质自燃和爆炸。

3）相互接触会引起爆炸的两类物质不能混合存放，应防止遇酸、碱有可能发生分解爆炸的物质与酸、碱接触，对机械或压力作用较为敏感的物质要轻拿轻放。

4）根据物质的沸点、饱和蒸气压，确定适宜的容器耐压强度、储存温度及保温降温措施。

5）对于不稳定物质，在储存中应添加稳定剂。

6）液体具有流动性，因此要考虑到容器破裂后液体流散的处理问题。

（3）工艺参数的安全控制

在工艺生产活动中，应严格控制各种工艺参数，防止超温、超压和物料泄漏。

1）温度控制。不同的化学反应均有其最适宜的反应温度，正确控制反应温度不但对于保证产品质量、降低能耗有重要意义，而且也是为了防火防爆的需要。温度过高，可能引起物料剧烈反应而发生冲料或爆炸，也可能引起反应物分解着火。温度过低，有时会使物料反应停滞，而一旦反应恢复正常时，则往往会由于未反应物料过多而发生剧烈反应甚至爆炸。

2）压力控制。压力升高常常导致一些爆炸事故发生。压力升高时常伴随着温度升高，它可能是一些异常反应和故障的征兆，因此在控制压力的同时要及时分析造成压力波动的原因，尽早排除压力升高或降低的故障，消除事故隐患。

此外，也要采取严格措施预防高压气体窜入低压系统。为了避免设备超压，安全装置必不可少，同时应加强检查与管理，保证配备的安全装置动作可靠。

3）反应过程中的投料控制

①投料速度。对于放热反应过程，加料速度不能超过设备的承受能力，否则会使温度急剧升高并可能引发一些副反应。

②物料配比。反应物料的配比要严格控制，要准确地分析、计量反应物的浓度、含量及流量等。

③加料顺序。按照一定的顺序加料不仅是工艺的需要，而且也往往是出于对安全的考虑。

④原料纯度。有许多化学反应，往往由于反应物料中的杂质而造成副反应，导致火灾爆炸。因此，生产原料及中间产品等均应有严格的质量检验制度，保证原料的纯度。

（4）防止物料跑、冒、滴、漏

1）生产过程中物料的跑、冒、滴、漏往往导致易燃易爆物料扩散到空间，从而引起火灾爆炸，因此要注意防止设备内外的跑、冒、滴、漏。

2）阀门内漏、误操作是造成设备内漏的主要原因，除了加强操作人员的责任心、提高操作水平之外，还可设置两个串联的阀门以提高其密封性。

3）注意设备外部的泄漏，包括管道之间及管道与管件之间连接处的静密封的泄漏，阀门、搅拌及机泵等动密封处的泄漏，以及因操作不当、反应失控等原因引起的槽满溢料、冲料等。

4）为了防止误操作，对不同物料管线要涂上不同的颜色以便区别，采用带有开关标志的阀门，对重要阀门采取挂牌、加锁等措施。

（5）紧急情况停车处理

1）当突然发生停电、停水、停气时，装置需要紧急停车。

2）在自动化程度不够高的情况下，紧急停车处理主要依靠现场操作人员，因此要求操作人员能够沉着、冷静，正确判断和排除故障。

3）要进行事故演习和应急演练，提高应对突发事故的本领。

4）要预先制定突然停电、停水、停气时的应急处理方案。

（6）系统密闭与惰化

1）系统密闭

①为了防止易燃气体、液体和可燃性粉尘外泄与空气形成爆炸性混合物，应该使设备密闭。

②对于在负压下操作的装置，为了避免吸入空气，应密闭化作业。

③为了保证良好的密闭性能，系统内应尽量减少法兰连接，尽量缩短管道长度，危险物料的输送管道应采用无缝钢管。

④在负压操作的系统中，当打开阀门或进行其他操作时，要防止外界空气进入系统而形成爆炸性混合物，在打开阀门之前，采用稀有气体保护的方法，可以避免形成爆炸性混合物。

2）系统惰化。可燃性气体或粉尘发生爆炸的三个必要条件是：可燃物、助燃物（空气或氧气）和点火源。上述三个条件中只要缺少一个，就不可能发生爆炸。用稀有气体取代空气中的氧，从而达到防止爆炸目的过程的，叫做惰化。

通入稀有气体时，应使装置里的气体与稀有气体充分混合均匀。在生产过程中要对稀有气体的流量、压力和氧浓度进行检测。

3）做好通风措施

①通风时，如空气中含有易燃易爆气体，则不应循环使用。

②在有可燃气体的厂房内，排风设备和送风设备应有独立分开的通风机室。

③排放可燃气体和粉尘时，应避免排风系统和除尘系统产生火花。

④通风管道不应穿过防火墙等防火分隔物，以免发生火灾时，大火顺管道通过防火分隔物而蔓延。

爆炸伤害工伤事故典型案例

2.1 火药爆炸伤害事故

1. 事故简述

2015 年 4 月 1 日 18 时 39 分，岳阳县某烟花鞭炮厂（以下简称鞭炮厂）发生一起火药爆炸事故，造成 1 人死亡，直接经济损失 86.7 万元。

事故经过：2015 年 4 月 1 日 16 时 20 分，鞭炮厂药物混合工人陈某从开始上岗作业，他依次打扫了 98#、99#、100# 三间工房，做好了开工前的准备工作，于 16 时 50 分开始药混合。药混合工序为：①100# 称料工房称料（原材料包括银粉、硝酸钾、硝酸钡、合金、硫黄 5 种）；②单次手提 2 桶原材料（8 千克）至 99# 药混合车间混合（混合 1 次药物耗时 10 分钟）；③将混合好的药物提至 98# 药物中转工房；④筑药工从 98# 药物中转工房单次提 2 桶药物，1 桶提至筑药工房，1 桶存放在存药洞。事故当天有 3 名筑药工，分别在 85#（罗某林）、91#（陈某庭）、95#（陈某斌）工房筑药，3 名筑药工上班时间为 16 时 30 分，筑药前也要进行半小时准备工作，平均每 30 分钟到 98# 药物中转工房领 2 桶药物。

17 时左右，安全员谭某在药物线巡查。18 时整，谭某经过 98# 工房，看见里面存放了 4 桶药物。18 时 39 分，98# 药物中转工房（限药量 60 千克）存放的药物受潮后自燃发生爆炸，爆炸导致正在进行药物混合的 99# 工房产生殉爆，爆炸冲击波致使 100# 工房坍塌，101# 工房屋顶受损，在 99# 工房内作业的陈某从当场死亡。

2. 事故原因

经事故调查组调查分析，发生该起事故的原因如下：

（1）直接原因

受潮的原材料与金属材料混合后发生化学反应，产生的热量聚集达到可燃物燃点，从而导致 98# 工房内的药物自燃引发爆炸是本起事故发生的直接原因。

（2）间接原因

1）违规超药量作业。根据《烟花爆竹作业安全技术规程》（GB 11652—2012），99# 药混合工房限药量为 5 千克，事故发生时 99# 药混合工房药量为 8 千克，员工陈某从未按国家标准限药量的要求，在 99# 工房违规超药量作业。

2）企业安全管理人员履职不到位。鞭炮厂安全员谭某 18 时至药物线 99# 工房巡查，没有发现、制止和纠正陈某从超药量的违规作业行为。鞭炮厂法定代表人柳某明未督促、检查本单位的安全生产工作，没有及时消除超药量作业这一生产安全事故隐患。

3）原材料管理不善。鞭炮厂没有根据天气变化强化对原材料及药物的管理，以致药物受潮自燃后发生爆炸。

3. 事故启示

本案例事故主要原因是天气和不安全作业管理，这启示在火药生产、使用、储存等过程中，企业应密切关注天气情况，遇天气突变应提前做好应对准备，防止气候等自然因素引起事故发生。应严格管理原材料的采购、发放和保管，严格按烟花爆竹生产企业相关规章制度加强对原材料的管理。应督促员工严格遵守操作规程，杜绝超药量等违规作业行为。

火药爆炸场所一般是火工品仓库，运输、储存、使用过程，隧道掌子面及炸药临时储存场所，路基土石方爆破施工，挖孔桩施工等其他生产、储存、使用、运输过程和场所。火药爆炸事故往往会造成巨大的人员伤亡与财产损失，社会负面影响较大，因此企业必须做好爆炸事故预防工作。

4. 火药爆炸伤害事故的预防措施

火药爆炸事故的预防措施主要包括以下几个方面：

（1）爆破等相关作业必须遵守《爆破安全规程》，使用符合国家标准的爆破器材。

（2）凡从事爆破工作的人员，必须经过培训，考试合格后持证上岗。

（3）加强消防安全培训，押运员、驾驶员应熟练掌握化学危险物品的理化性质和特性，牢记运输安全常识。

（4）车辆状况良好、符合消防安全要求。

（5）严禁货物混装。化学性质与安全防护、灭火方法互相抵触的易燃易爆化学物品严禁混装，应分别单独装运，力求避免摩擦、撞击、剧烈晃动。

（6）严禁烟火和动用明火。化学危险物品在运输过程中，运输人员不得吸烟和动用明火，无关人员不得搭车，应按规定的线路行驶，停放。

（7）集中精力，保持谨慎，安全行驶。运输危险物品的驾驶员在运输途中要认真遵守《中华人民共和国道路交通安全法》等有关规定，聚精会神、小心谨慎、不开快车。应保持充沛的精力，做到"不带病开车、不疲劳开车、不酒后开车"，避免发生交通事故，引发火药爆炸等衍生事故。

（8）严格进行物品检查，在装卸过程中轻拿轻放，防止发生碰撞、拖拉、倾倒。

（9）根据各类危险物品的性质，按规定分门别类储存保管。在储存保管中必须把好"三关"，即"入库验收关，在库储存关，出库复验关"。加强对危险物品保管期内的安全，在保管期内特别要注意的是：

1）严禁将明火、火种带入库内，严格动火制度。

2）消除电气火花及静电放电的可能，库房用电必须按规定采取有效安全措施。

3）库房人员必须穿不带铁钉的鞋或采用不发生火花的地面。

4）在搬运过程中要严格防止撞击、摩擦、翻滚。

2.2 锅炉爆炸伤害事故

1. 事故简述

2018 年 6 月 7 日 16 时 20 分左右，位于遵义市桐梓县娄山关高新区的某农业科技有限公司（以下简称农业公司）一台型号为 WNS12-1.25-Y（Q）承压燃气锅炉发生爆炸，造成 3 人死亡（其中 1 人当场死亡，2 人因抢救无效死亡），6 人受轻伤，直接经济损失 666.4 万元。

事故经过：事发农业公司于 2018 年 6 月 7 日 13 时左右开始运行锅炉试生产，试生产只用了一台灭菌柜（生产车间有 8 台灭菌柜，距锅炉房约 20 米）。16 时 18 分左右，该车间相关人员观察到车间的分汽缸压力表显示超压，压力值超过了锅炉额定压 1.25 兆帕，仪表显示 1.5 兆帕（正常值为 0.4~0.8 兆帕）。此时，车间的人反映，没有听到锅炉房安全阀的排汽声和锅炉控制柜的警铃声，相关人员立即向锅炉房赶去，途中见司炉工李某松此刻正从车间门外向锅炉房方向跑去，当司炉工李某松跑近锅炉房时，锅炉房已喷出大量的灰尘并瞬间发生爆炸，爆炸时间是 2018 年 6 月 7 日 16 时 20 分左右。爆炸致锅炉筒体飞至桐梓县职业技术学校实训楼三楼（距离爆炸地点约 301 米）将实训楼墙体打穿，形成一个高约 9 米、宽约 4 米的大洞，约 28 吨重的锅炉筒体嵌入楼体中。事故造成锅炉房损坏，锅炉房内全套设备报废；司炉工李某松当场死亡，2 名桐梓县职业技术学校学生受重伤，5 名学生和 1 名学校保安受轻伤，6 月 8 日 2 名重伤学生经医院抢救无效死亡。

2. 事故原因

经事故调查组调查分析，发生该起事故的原因如下：

（1）直接原因

经勘查鉴定和询问调查，事故锅炉安全阀阀座与锅筒法兰蒸汽通道被盲板隔断，锅炉压力联锁保护装置未调试合格，导致锅炉在超压时未起到泄压及停止锅炉燃烧机运行和报警等安全保护作用，且锅炉操作人员在锅炉运行期间脱岗，在锅炉发生超压时，未能及时采取有效措施停止锅炉运行并进行泄压，致使锅炉因超压运行（锅炉爆炸前其用汽车间分汽缸压力表显示为 1.5 兆帕）导致锅炉受压部件开裂，进而引发爆炸。

（2）间接原因

1）锅炉安装负责人廖某强未遵守锅炉安装有关法规技术规范规定，致使锅炉安装质量失控。

锅炉安装负责人廖某强在锅炉安装未经基础验收、水压试验、燃烧机调试、锅炉试运行、总体验收等情况下，得知用户准备运行锅炉时，未向使用单位明确该锅炉未经安装监检合格，不能投入运行；未将锅炉安全阀蒸汽通道已被盲板隔断、锅炉燃烧机和锅炉压力联锁保护装置未经调试合格等情况告知用户，在锅炉还处于不安全状态的安装期，锅炉安装安全性能没有保障的情况下，默许用户运行锅炉。

2）锅炉操作人员李某松无证作业。锅炉操作人员李某松不具备操作资质，致使锅炉出现的安全隐患不能及时有效排除。

3）企业特种设备安全管理主体责任落实不到位。农业公司落实特种设备安全管理主体责任不到位，安全意识淡薄，企业安全生产管理制度和设备操作规程不完善，且未有效执行，企业落实特种设备"三落实、两有证、一检验、一预案"（落实管理机构、落实责任人员、落实规章制度；设备有使用登记证作业人员有上岗证；设备依法检验；建立事故应急预案）的责任不到位，企业全员安全责任制落实不到位，企业安全教育培训落实不到位；特种设备管理人员无相应资质证书却从事特种设备安全管理工作；相关安全管理人员履职不到位；聘用不具备操作资格的人员从事司炉作业。

4）锅炉违法安装和锅炉违法使用是事故的主要原因

①锅炉安装负责人廖某强涉嫌私刻公章，盗用四川省某锅炉公司名义在未经许可、未取得锅炉安装资质的情况下，擅自从事锅炉安装活动，违反《中华人民共和国特种设备安全法》《特种设备安全监察条例》等法律法规和安全技术规范的要求，行为违法。实施锅炉安装时，未向有资质的检验机构申请安装监检，锅炉安装质量不符合锅炉安装有关法规技术规范要求、安全性能不符合规定要求。

②使用单位违反《中华人民共和国特种设备安全法》《特种设备安全监察条例》等法律法规和安全技术规范的要求，违法使用还未完成安装调试工作、未经安装监督检验合格、未办理注册使用登记的锅炉。

3. 事故启示

锅炉爆炸是由于锅炉承压负荷过大造成的瞬间能量释放现象，锅炉缺水、水垢过多、压力过大等情况都会造成锅炉爆炸，一旦出现锅炉爆炸事故，对周围建筑、人员等损伤极大。

本案例启示在进行锅炉相关作业时，应遵守相应的安全操作规程，同时应坚守岗位，不允许作业人员擅自脱岗，遇到紧急情况应按照应急预案和操作规程进行事故应急。

4. 锅炉爆炸事故的预防措施

为了杜绝锅炉发生爆炸事故，除按标准设计、选材、制造外，还应同时安装防爆门、燃烧自动调节装置、熄火保护装置等安全装置，以及进行定期检验，保持设备完好。锅炉爆炸事故的预防措施主要包括以下几个方面：

（1）正确点火

点火前，必须仔细吹扫炉膛和烟道，排除炉内可能积存的可燃气体，并按点火程序进行操作。

（2）防止超压

具体方法是：

1）保持锅炉负荷稳定，防止骤然降低负荷，导致气压上升。

2）保持安全阀灵敏可靠，防止安全阀失灵。应每隔一定时间人工排放一次，并且定期进行自动排气试验。如发现安全阀反应不灵敏，必须及时修复。

3）定期校验压力表，确保压力表指示准确。如发现压力表不准确或动作不正常，必须及时调换。

（3）防止过热

1）防止缺水。控制水位在正常水位，经常冲洗水位计，定期维护、检查水位警报装置或超温警报装置。

2）防止积垢。正确使用水处理设备，保持锅炉水质量符合标准。认真进行排污，及时清除水垢、水渣。

（4）防止腐蚀

采取有效的水处理和除氧措施，保证给水和炉水质量合格。加强炉内停炉保养工作，及时清除烟灰，涂防锈油漆，保持炉内干燥。

（5）防止裂纹和起槽

保持燃烧稳定，防止锅炉骤冷骤热。加强对封头、板边等集中部位的检查，一旦发现裂纹和起槽必须及时修理。

2.3 压力容器爆炸伤害事故

1. 事故简述

2020 年 7 月 14 日 14 时 20 分，黄州火车站经济开发区某建材有限责任公司（以下简称建材公司）在生产中使用 2# 蒸压釜时，发生容器爆炸事故，造成 1 人死亡、5 人受伤，直接经济损失 215.98 万元。

事故经过：2020 年 7 月 14 日，建材公司蒸压釜主班操作工张某洪和副班操作工吕某将切割好的砖坯送入 2# 蒸压釜，准备进行烘干操作。两人将砖坯送入釜内以后，张某洪抵住釜门，吕某用摇杆手动锁门，于 11 时 20 分完成锁门。张某洪随即通蒸汽对砖坯加热烘干，12 时左右停止加热，排冷水蒸气 2~3 分钟。12 时 40 分张某洪再次通蒸汽开始升温，根据压力表记录显示压力为 0.55 兆帕。14 时，蒸压釜达到恒温状态，根据压力表记录显示压力为 0.63 兆帕。14 时 16 分，蒸压釜发生容器爆炸事故，蒸压釜釜门被压力冲开，打翻现场的两台龙门吊后停在距爆炸点约 50 米的东北方向，釜体则被反作用力冲至距爆炸点约 78 米的西南方向（事故当天武汉青江化工黄冈公司集中供气蒸汽输出压力为 0.8 兆帕，涉事蒸压釜发生事故时，釜内压力不高于 0.8 兆帕，蒸压釜设计工作压力 1.3 兆帕），在 2# 釜门前的小型货车上装载灰砂砖（货车距离釜门 13.3 米）的赵某良（死者，男，63 岁，公司搬运工）被飞出的釜门和气浪共同作用冲至距爆炸点约 50 米处食堂墙边。建材公司第一时间通知医院，医护人员 14 时 50 分左右到达现场后立即对赵某良进行了检查，经现场诊断，医生确认赵某良已经死亡。在场的其他人员赵某林（搬运工）、欧某清（叉车司机）、董某（货运司机）、徐某桥（公司管理同时负责开行吊和收发砖人员）、赵某峰（车间普工）5 人均被冲击波和热蒸汽致伤。

2. 事故原因

经事故调查组调查分析，发生该起事故的原因如下：

（1）直接原因

建材公司员工张某洪和吕某未取得特种设备作业人员证（压力容器作业 R1），未掌握快开门式压力容器操作相应的基础知识、安全使用操作知识和法规标准知识，不具备相应的实际操作技能，凭经验手动关闭 2# 蒸压釜釜门后开始通蒸汽，导致蒸压釜釜门处于未锁死状态，釜内压力逐步升高后发生容器爆炸事故。

（2）间接原因

建材公司安全生产主体责任未落实，未建立安全生产责任制，安全管理制度和安全操作规程不完善，未建立蒸压釜操作规程，安排无资质人员从事特种设备作业（压力容器作业），未按规定对作业人员进行安全生产教育和培训，未设置专职或兼职安全管理人员。

3. 事故启示

压力容器爆炸是储存在容器内的有压气体或液化气体解除壳体的约束，迅速膨胀，瞬间释放出内在能量的现象。其所释放的能量，一方面使容器进一步开裂，或将容器及其所裂成的碎块以较高的速度向四周飞散，爆破碎片可致人重伤或死亡、损坏附近的设备和管道，并引起继发事故；另一方面，其更大的一部分能量对周围的空气做功，产生冲击波，冲击波超压会造成人员伤亡和建筑物的破坏。同时，压力容器爆炸还存在介质伤害，介质伤害主要是有毒介质的毒害和高温水汽的烫伤，另外压力容器爆炸还可能伴随二次爆炸和燃烧。

压力容器爆炸事故原因一般是超压、超温、容器局部损坏、安全装置失灵等。本案例属于作业人员未按照相关安全操作规程操作压力容器，导致压力容器超压发生爆炸。压力容器爆炸造成的损伤巨大，并且破坏性强，在生产活动中应注意对压力容器的维护保养，并应严格按规程安全操作压力容器。

4. 压力容器爆炸事故的预防措施

（1）在设计上，应采用合理的结构。

（2）制造、修理、安装、改造时，加强焊接管理；加强材料管理，避免采用有缺陷的材料或用错钢材、焊接材料。

（3）加强使用管理，避免操作失误、超温、超压、超负荷运行、失检、失修、安全装置失灵等。

（4）加强检验工作，及时发现缺陷并采取有效措施。

2.4 煤矿瓦斯爆炸伤害事故

1. 事故简述

2019 年 7 月 28 日 13 时 01 分，旺苍县某煤业有限责任公司（以下简称煤业公司）11031 采煤工作面采止线以西 2# 立眼发生较大瓦斯爆炸事故，造成 3 人死亡、2 人受伤，直接经济损失 404 万元。

事故经过：2019 年 7 月 28 日早班，煤业公司共 28 人入井，副矿长王某军入井带班。其中，李某生班组 7 人（李某生、刘某勇、李某美、李某贤、蔡某虎、李某洪、李某）到 11031 采煤工作面采止线以西的采煤作业点作业，刘某德（无瓦斯检查工操作资格证）跟班检查瓦斯。

7 时 30 分，当班作业人员陆续入井。刘某勇、李某美到 3# 立眼掘进连通 4# 立眼的第二个横巷，李某贤、蔡某虎到 2# 立眼采煤，李某负责在平巷内装车。李某生和李某洪在地面准备支护材料后，于 9 时 05 分入井，负责在 4# 立眼内打设木支柱。

9 时 51 分，安装在 +1043 米西煤层运输平巷的局部通风机因矿井供电故障而停止运转。10 时 30 分，装车工李某发现供电恢复正常后，遂开启了局部通风机。

蔡某虎和李某贤在 2# 立眼上部采煤过程中，发现立眼上口被大块煤矸堵塞，煤炭无法下溜。于是蔡某虎将藏在井下的一条二级煤矿乳化炸药（安装一发毫秒延期电雷管）放到 2# 立眼上口煤矸中间准备用爆破的方法疏通立眼。刘某德检查了 2# 立眼堵塞处瓦斯浓度为 1.2%，却未检查附近环境瓦斯浓度。检查完瓦斯后，李某贤和刘某德 2 人便躲在 3# 立眼与 4# 立眼之间已贯通的一横巷内躲炮。13 时 01 分，由蔡某虎负责在 3# 立眼二横巷巷口处起爆，爆破时引发了瓦斯爆炸。爆炸导致蔡某虎和在 3# 立眼向 4# 立眼方向掘进二横巷的刘某勇、李某美当场死亡，在 4# 立眼作业的李某生（班长）、李某洪被冲击波冲倒跌至立眼下口。

事故发生时，在 2# 立眼下口装煤的李某听到一声巨响，粉尘突然加大，什么都看不清楚，便立即向外跑（发现局部通风风筒被埋压，便关停了局部通风机），到轨道上山下车场打电话向矿长李某友汇报。李某友接到事故信息后，立即向同在调度室的业主徐某平汇报，徐某平立即安排李某友带领人员入井救援。

2. 事故原因

经事故调查组调查分析，发生该起事故的原因如下：

（1）直接原因

煤业公司在 11031 采煤工作面采止线以西违规布置采煤作业

点，违章裸露爆破处理 2# 立眼上口堵塞的大块煤矸，引爆积聚瓦斯，导致事故发生。

（2）间接原因

1）非法违法组织生产。煤业公司违反安全监管监察指令，在被四川煤监局川北分局暂扣安全生产许可证、旺苍县应急管理局仅同意维修采煤工作面的情况下，仍然采用国家明令禁止的巷道式采煤工艺采煤，并借整改之名布置非法作业点组织生产。事故发生后未及时如实报告。

2）蓄意逃避安全监管监察。煤业公司采掘工程平面图、通风系统图均未反映事故作业区域采掘或通风系统情况。事故作业区域未安设安全监测监控设备，瓦斯检查报表、测风报表、生产综合调度台账、矿级领导入井带班记录等资料均未反映该区域的相关内容。

3）矿井安全生产管理机构虚设，安全管理断档。矿长李某友的安全生产知识和管理能力考核合格证过期；采煤、掘进、机电运输、地质测量专业技术人员均为挂名，通风技术人员为业主徐某平兼任；矿井所设的"五科"和"五队"均未配备安全管理人员；以包代管。

4）技术管理和现场管理混乱。事故作业区域无作业规程或安全技术措施，爆破岗哨、爆破安全范围和距离等无规定；事故区域无全负压通风系统，仅违规使用一台 5.5 千瓦的局部通风机采用风筒分叉方式同时向 3 个作业点供风，风量不足且通风极不可靠，经常停风不停工、随意开启局部通风机；民用爆炸物品管理混乱，不执行炸药、雷管领退管理制度；放炮管理混乱，未执行"一炮三检"和"三人连锁爆破"制度，在瓦斯浓度达到 1.2% 且未检查附近环境瓦斯浓度的情况下违章裸露爆破。

5）安全生产教育和培训不到位。事故作业区域的瓦斯检查工和井下爆破工无特种作业操作资格证；作业人员安全意识淡薄，不具备必要的安全生产知识，即使瓦斯超限仍继续违章作业，不按规定携带自救器。

3. 事故启示

本案例属于作业人员违规作业引爆积聚的瓦斯，进而导致瓦斯爆炸事故。瓦斯爆炸极易发生，若预防不当，便会造成重大事故。

瓦斯爆炸是指瓦斯和空气混合后，在一定的条件下，遇高温热源发生的热链式氧化反应，伴有高温及压力（压强）上升的现象。瓦斯爆炸必须同时具备 3 个条件：

（1）瓦斯浓度在爆炸范围内。

（2）高于最低点燃能量的热源存在的时间大于瓦斯的引火感应期。

（3）瓦斯和空气混合气体中的氧气浓度大于 12%。

其中第三个条件在生产井巷中是始终具备的，所以预防瓦斯爆炸的措施，就是防止瓦斯的积聚和杜绝或限制高温热源的出现。在任何地点，如电气设备附近、放炮地点、火区周围、产生摩擦火花以及可能出现烟火的地点等，当瓦斯达到爆炸浓度时，遇火源都会发生爆炸。但瓦斯爆炸大部分发生在采掘工作面附近，其中又多发生在掘进工作面。

4. 瓦斯爆炸事故的预防措施

（1）要爱护监测监控设备。不能擅自调高监测探头的报警值，不能破坏瓦斯监测探头或用泥巴、煤粉及其他物品将瓦斯监测探头封堵。

（2）要自觉爱护井下通风设施。通过风门时，应立即随手关门，不能将两道风门同时打开，以免造成风流短路。发现通风设施破损、工作不正常或风量不足时，要及时报告，修复处理。

（3）局部通风机应由专人负责管理，其他人不可随意停开。

（4）当采区回风巷、采掘工作面回风巷风流中的瓦斯浓度超过 1% 或二氧化碳超过 1.5% 时，必须停止作业，并将作业人员从超限区域撤出。当采掘工作面及其他作业地点风流中、电动机或其开关安设地点附近 20 米以内风流中的瓦斯浓度达到 1.5% 时，必须停止作业，并将作业人员从超限区域撤出。

（5）井下不能随意拆开、敲打、撞击矿灯，不准带电检修、搬迁电气设备，更不能使用明刀闸开关。

（6）井下禁止吸烟和使用火柴、打火机等点火物品。

（7）爆破作业必须严格执行"一炮三检"制度（一次爆破作业的装药前、放炮前、放炮后都应检查瓦斯浓度），爆破地点附近 20 米以内风流中的瓦斯浓度达到 1% 时，严禁装药、爆破；井下爆破作业必须使用专用发爆器，严禁使用明火、明刀闸开关、明插座爆破；炮眼必须按规定封足水炮泥，严禁使用煤粉或其他易燃物品封堵炮眼，无封泥或封泥不足时严禁爆破。

（8）观察到有煤与瓦斯突出的征兆时，要立即停止作业，将作业人员从作业地点撤出，并报告有关部门。

（9）要认真实施煤层注水、湿式打眼、使用水炮泥、喷雾洒水、冲洗巷帮等综合防尘措施，在井下工作时要爱护防尘设备设施，不可随意拆卸、损坏。

物体打击工伤事故典型案例

3.1 极端天气下物体打击伤害事故

1. 事故简述

2018年5月19日15时54分许，漳州市某工贸有限公司（以下简称工贸公司）检测车间一名泥水工人被掉落的模板砸中受伤，于2018年6月5日0点36分经救治无效后死亡。经调查认定，该事故属于六级阵风把检测车间屋面的模板吹起，从四层高屋面掉落，造成不可预见的物体打击生产安全事故。

事故经过：2018年5月19日15时，工贸公司5#、6#车间，2#宿舍楼，检测车间项目业主方现场管理人员朱某明发现天气变化很大，看上去好像要下大雨，便向业主方股东陈某贵汇报天气情况，经请示后要求施工现场停工。15时54分许，检测车间一块模板从空中掉下来砸到下方一名工人（泥水工人郑某会）。在检测车间一楼施工升降机吊笼旁边的泥水班组长谢某学看到有一个人躺在搅拌机旁边就走过去，见到伤者已经昏迷，额头上有一点皮外伤，安全帽掉在旁边，旁边还有一块模板。谢某学立刻叫朱某明等人来把伤者抬到检测车间里面，然后朱某明拨打120急救电话，送郑某会到医院抢救，但是经救治无效后死亡。

2. 事故原因

经事故调查组调查分析，发生该起事故的原因如下：

（1）直接原因

1）六级阵风把检测车间屋面的模板吹起，从四层高屋面掉落，造成不可预见的物体打击，是事故的直接原因。

2）经调阅隔壁福建赛菱精密机械有限公司的监控视频发现模板是从三层以上位置掉落。

经现场勘查，检测车间总共四层，框架结构，楼层平面呈矩形（长约37米、宽约23米），建筑面积3 354平方米。事故发生时检测车间主体结构已封顶，墙体已砌筑完整，屋面栏板已浇筑完成，栏板高约1.5米，建筑四周已搭设外脚手架并张拉安全网，未发现安全网缺失。施工升降机、各楼层出料平台及施工升降机防护棚铺设了模板，有加固，未发现模板缺失。在屋面中央靠近楼梯间的两侧位置堆放了30~50厘米高的模板，这些模板的尺寸与事故掉落的模板尺寸相近（事故掉落的模板尺寸长约1.8米、宽约0.5米）。结合事故现场监控视频进行分析，模板从室内被风吹落的可能性很小，模板应该是被六级阵风吹越栏板掉落。

根据气象局提供的事故发生区域气象站气象报告，2018 年 5 月 19 日午后事故发生区域有雷阵雨，15 时极大风速 7.1 米 / 秒，4 级风，小时雨量 0 毫米。16 时极大风速 12.2 米 / 秒（6 级），小时雨量 5.4 毫米。17 时极大风速 8.3 米 / 秒（5 级），小时雨量 12.2 毫米。事故发生地点距离气象区域站 1 公里以内。

（2）间接原因

1）项目经理收到监理总工口头暂时停工要求后，未指挥工人停工后将放在屋面中央的模板进行固定或搬离，未告知工人在六级阵风情况下不要在露天活动，是造成事故的重要原因。

2）死者郑某会安全意识淡薄，六级阵风情况下在露天活动，施工单位安全教育培训不到位（施工单位提供的三级安全教育资料中法定代表人、项目经理、安全员签名均不是本人的笔迹），是造成事故的重要原因。

3）监理单位总工陈某清在未督促施工单位做好六级阵风下活动物品的加固和告知工人不要在露天活动的情况下，离开施工现场，是造成事故的重要原因。

3. 事故启示

物体打击是一种生产经营单位常见的事故类型，尤其在建筑施工行业较多。本案例物体打击事故是在六级阵风情景下发生的，当天气突变或自然灾害发生时，应启动相关应急预案，可通过及时的事故预警来停止施工或生产，并将易受自然因素影响的设备设施固定或拆卸，以避免设备设施对人的物体打击。相关人员应及时听从预警内容停止作业，并且到安全场所听从指令指导。

本案例中涉事企业未对极端天气下停止作业进行正式预警和要求，并且未在极端天气到来之前做好应对天气的应急准备，如对易被天气破坏的设备设施转移、隔离或加固等。这启示相关企业在应对极端天气时，提前做好预警和应急准备是最有效的措施，同时员工较高的安全意识与积极遵守安全规定也是避免事故发生的重要条件。

4. 极端天气下物体打击伤害事故的预防措施

（1）施工现场要密切关注大风、暴雨天气的气象预报，做好各项安全措施，包括塔吊、高大模板、施工升降机、自升式爬架、水泥罐、脚手架等危险源的加固、防范，严格落实安全管理人员定时巡查制度。

（2）施工现场及作业面上的材料应固定牢固，防止被大风刮倒。遇有六级及以上强风时，不得进行露天攀登与悬空高处作业。如风力达到四级及以上时，不得进行塔吊顶升、安装、拆卸作业；作业时如突然遇到风力加大，必须立即停止作业，并将塔身固定，防止安全事故的发生。

（3）对于包括高层建筑幕墙安装工程在内的，对外界环境影响较为敏感的各类高处作业，施工时必须严格按照经审批合格的专项方案的有关技术要求进行。作业前应对有关操作人员做好安全技术交底，作业中要及时掌握风力变化情况，施工过程中施工企业安管人员、项目安全监理人员要切实加强安全巡查，确保施工工况符合要求。对不符合要求的应立即责令整改消除隐患，无法满足安全施工条件的应立即责令停止施工。

（4）高空作业时作业人员必须系好安全带，注意个人防护（尤其注意坡屋顶上、吊篮中的施工人员和钢结构安装人员的重点防护），做好人员在恶劣天气下施工的安全教育和培训。

（5）极端天气容易发生高空坠物，各施工现场要切实加强对施工场地周边地面的安全管理。在高处落物的坠落半径覆盖范围内，应结合实际制定有效措施，加强车辆停放、行人安全等方面管理，避免行人遭受物体打击。

（6）各建设、施工、监理单位要加强对建筑工地防大风、暴雨天气、雷击工作的监督检查力度。

3.2　高空坠物物体打击伤害事故

1. 事故简述

2018 年 7 月 3 日 8 时 50 分许，浙江某建设工程有限公司（以下简称建设工程公司）在杉柏公寓二期 16 幢施工中发生一起物体打击事故，造成 1 人死亡，直接经济损失 150 万元。

事故经过：2018 年 7 月 3 日 8 时 50 分，塔吊司机韩某某在塔吊信号工徐某某的指挥下，将杉柏公寓 16 幢 14 层外架上的一捆钢丝网片（60 片）从北面移到东南面。钢丝网片吊到指定位置后，工人高某某解开系钢丝网片的钢扣，并把钢扣挂在钢丝绳上，刚抽开一股钢丝绳，另一股钢丝绳仍压在钢丝网片下，塔吊司机在信号工没有发出指令的情况下，突然上提塔吊，导致一捆钢丝网片从十四层外架掉落，部分钢丝网片砸中底层钢筋棚外的钢筋工戴某某，后经抢救无效死亡。

2. 事故原因

经事故调查组调查分析，发生该起事故的原因如下：

（1）直接原因

塔吊司机韩某某安全意识淡薄，违反操作规程，在塔吊信号工未发出指令的情况下擅自吊运，属违章操作，致使事故发生。

（2）间接原因

1）建设工程公司现场安全管理不到位，未能及时发现并消除外架放钢丝网片的安全隐患。

2）建设工程公司未能保证作业人员熟悉有关的安全生产规章制度和操作规程，掌握本岗位的安全操作技能。

3. 事故启示

高空坠物往往会造成物体打击事故，高空坠落物危险源一般是由于物的不安全状态和人的不安全行为造成的。施工作业人员的违章操作就可能导致物的不安全状态，比如施工工具、建筑材料、机械设备从高空坠落或零件四处飞溅，在建（构）筑物工程作业过程中，若没有采取可靠的防护措施和未正确操作，就有可能导致高空物体坠落击中地面人员，造成伤亡。而物本身的不安全状态也会导致高空坠物，如物体或设施设备可靠性降低，失效坠落，或者因其他自然因素导致坠落。

本案例属于由于人的不安全行为导致的高空坠物打击伤害。因此，企业和职工必须注意生产经营活动范围内是否存在高空坠物危险源，并采取相关措施防止此类事故发生。

4. 高空坠物物体打击伤害事故的预防措施

（1）高处作业时，严禁随意向下扔工具和材料，平台上及脚手板上的材料必须绑扎牢固。各施工作业场所内，凡有坠落可能的任何物料，都应先行撤除或加以固定，拆除作业要围设禁区、在有人监护的条件下进行。

（2）高处作业临时使用的材料必须整齐稳固放置，且放置位置须安全可靠，不可放置在临边或洞口附近，且不得妨碍通行。作业人员使用的工具应随手放入工具袋。

（3）高处拆除作业时，对拆卸下的物料、建筑垃圾都要及时清理和运走，不得随意堆放或向下丢弃，应保持作业走道畅通，防止坠物伤人。拆除作业区应设置危险区域进入围挡，负责警戒的人员应坚守岗位，非作业人员禁止进入拆除作业区，以防止无关人员被高空坠物砸中。

（4）使用井架、龙门架，外用电梯垂直运输时，零散材料应整齐、平稳码放，码放高度不得超过车厢，小推车应打好挡掩。运长料不得高出吊盘（笼），且必须采取防滑落措施。

（5）各类手持机具使用前应检查，确保安全牢靠。洞口临边作业应防止物件坠落。平台上堆放的材料，用起重机吊运时，要均匀分布。

（6）在同一垂直面上上下交叉作业时，必须设置安全隔离层，并保证防砸措施有效。

（7）进行悬空作业时，应有牢靠的立足点并正确系安全带，现场应视具体情况配置防护栏网、栏杆或其他安全设施。施工现场临边、临空及所有可能导致物件坠落的洞口都应采取密封措施。

3.3　危险区域物体打击伤害事故

1. 事故简述

2020 年 7 月 13 日 9 时 33 分，某建工集团有限公司（以下简称建工集团）在建施工工地发生一起物体打击事故，造成 1 人死亡，直接经济损失约 170 万元。

事故经过：2020 年 7 月 13 日上午，木工班组对在建工程 3# 楼屋面施工女儿墙（屋顶防护围墙）模板进行拆除，上午开工前，项目安全员在 3# 楼地面区域拉了警戒线。9 时 33 分左右在拆除东面女儿墙模板时，泥工班组长冯某云独自一人进入警戒区域，并在 3# 楼东面地下室水泥地面浇水养护，高处坠落的钢管（约 3 米长）砸在冯某云头部（钢管落地发出了响声，楼顶及地面施工工人均未看见钢管从哪一层坠落），地面目击工友陈某帮（木工班组长）发现冯某云被钢管砸中倒地后，立刻上前查看情况并拨打 120 急救电话，拨打两次占线后让旁边木工袁某平继续拨打 120 急救电话，同时陈某帮电话通知正在工地施工的其他管理人员，9 时 50 分左右 120 急救车赶到现场对冯某云进行抢救，10 时 18 分冯某云经现场抢救无效死亡。

2. 事故原因

经事故调查组调查分析，发生该起事故的原因如下：

（1）直接原因

建工集团聘用的泥工班长冯某云因违规进入危险警戒区域内作业，导致物体打击事故发生。

（2）间接原因

建工集团存在管理问题：一是现场安全管理不到位，虽然在危险施工区域拉了警戒线，但未安排专人负责盯守，且未将危险告知相关施工人员；二是隐患排查不到位，未及时发现高层钢管存在坠落的安全隐患。

3. 事故启示

有些生产作业人员在生产作业中，常不知不觉地将自身置于有物体打击因素出现的危险环境之中，或是违反操作规程，触发危险作业，引发物体打击，进而导致伤害自己或他人的严重后果。在生产作业过程中，由于生产过程遇到的情况千变万化，每个生产作业人员的素质和安全意识程度不同，也有可能因违章操作或疏忽大意，将自己置于物体打击因素出现的危险环境，发生伤害事故。

本案例启示，在任何作业现场中无关人员都不应擅自进入危险作业警戒区域，如实在需要进入警戒区域，应得到同意并采取安全措施后方可进入。

4. 危险区域物体打击伤害事故的预防措施

（1）高空吊装、高空输送机架下是危险区，若下方没有设置醒目的禁止穿行标志，或生产作业人员为贪图方便，盲目在架下穿行，一旦上方物体、物料下落就有可能发生砸伤事故。起重机械和桩工机械下不准人员站立或穿行。

（2）危险区域需拉设警戒线，并且有专人看管，防止无关人员进入危险区域和警戒区。同时，在进行作业时，可加设一些防护设施来避免物体打击事故：

1）施工工程邻近必须通行的道路上方和施工工程出入口处上方，均应搭设坚固、封闭的防护棚。

2）垂直交叉作业时，必须设置有效的隔离层，防止坠落物伤人。

3）戴好安全帽是防止物体打击的可靠措施。因此，进入施工现场的所有人员都必须戴好符合安全标准、具有检验合格证的安全帽。

3.4　装卸作业物体打击伤害事故

1. 事故简述

2020 年 8 月 14 日 7 时 50 分，在东莞市万江区某创业工业园内，平板拖头牵引货车卸货时发生一起物体打击事故，造成 1 人受伤，事故医疗费用 15.3 万元。

事故经过：2020 年 8 月 14 日 5 时许，货车司机张某驾驶平板拖头牵引货车，从广西运输货物到达东莞市万江区某创业工业园内，停靠在东莞市某纸品厂门口的斜对面，车上货物为白色卷纸，重 17 998 千克，堆垛约 3 米高。张某与妻子秦某勇（跟车员）在货车内边休息边等待卸货。7 时许，黄某坚（有关负责人）到达现场协调安排卸货事宜，聘请的 5 名卸货人员也到达现场。黄某坚先带张某去看了另外两个卸货点，接着回到现场安排搬运工开始卸货，然后自行离开去找工厂负责人看货。张某站在平板拖头牵引货车车头位置，指挥卸货人员解开货物防雨布。卸货人员解开防雨布，收起来丢在货车旁边，开始正式卸货。卸货人员邹某平、唐某平爬上货车，负责将卷纸一卷卷推下车，其余 3 名卸货人员印某海、黄某武、李某山负责将卸到地面的卷纸推到堆货点。在卸第三卷纸品时，邹某平、唐某平把货车左边靠车尾的一卷纸品推下货车后，听到一声尖叫，两人立即下车，发现司机张某仰躺在地上，不能动弹，能说话。张某的妻子秦某勇从驾驶室下来，被告知张某被货物砸到了，随即打了急救电话。

2. 事故原因

经事故调查组调查分析，该起事故的原因如下：

（1）直接原因

1）张某作为货车司机，安全意识淡薄，在没有确认安全的情况下，明知货车正在进行卸货作业而通过卸货区域。

2）卸货人员邹某平、唐某平卸货作业不规范，忽视视线盲区，在未确认卸货作业下方无人通过的情况下进行卸货作业，导致货物砸到张某。

（2）间接原因

有关负责人在经营活动中，对货物卸载作业现场安全管理不到位，未对货物卸载现场进行必要的安全围蔽，未设立安全警示标识，未对临聘的卸货人员进行安全生产教育和培训。

3. 事故启示

货物装卸作业几乎发生在各行各业，虽然货物装卸操作简单，并且可借助相关机械设备进行辅助作业，但依旧存在危险性。主要是因为作业人员安全意识淡薄、存在侥幸心理，对货物安全装卸不够重视，或作业无关人员随意通行货物装卸危险区。除了本案例是普通装卸作业发生物体打击伤害外，诸如危险化学品装卸、集装箱港口装卸等特殊物品装卸作业都可能存在物体打击危险，这些作业都必须按照安全标准进行，如危险化学品装卸作业需履行《散装液体化学品槽车装卸安全作业规范》（DB32/T 2860—2015）、《危险化学品安全管理条例》等，港口装卸作业需履行《港口件杂货物装卸作业安全技术要求》（JT/T 330—1997）、《集装箱港口装卸作业安全规程》（GB 11602—2007）。

从本案例中，可得到以下事故启示或教训：

（1）案例中合伙经营人要加强对作业现场的安全生产管理，督促、检查现场的安全防护措施落实情况，对作业人员进行安全生产教育和培训，保证作业人员具备必要的安全生产知识。

（2）临时作业人员要提高安全意识，特别要重视现场一线作业人员的安全教育，严格遵守作业流程，杜绝现场的不规范行为。

（3）货运司机应认真学习货物运输和装卸安全，严格遵守各项安全管理规章制度，增强安全意识和风险识别能力。

4. 装卸作业物体打击伤害事故的预防措施

（1）装车前，由装车负责人对货物和车辆进行检查，查看车辆能否满足货物运输要求，确认可以装车后，要做到"不超宽、不超高、不超长、不超载"，不违反交通运输安全等有关规定。进行装车区域检查时，由装车负责人确认装车区域无遮挡、无障碍、无危险品、无闲杂人员。进行装车设备检查时，凡利用起重机、叉车等设备装车，由装车负责人按照设备完好要求进行检查，确保装车设备无隐患。装卸物件必须用跳板搭桥时，应选用强度高、质量好的跳板，并安置牢固。

（2）进行运输车辆检查时，由司机对车辆进行安全检查，包括仪表、油路、刹车、离合、灯光、轮胎、车厢及工具，确认正常，并填写记录。

（3）进行装卸人员检查时，由装卸负责人检查装卸人员劳动防护用品穿戴是否整齐，并对装卸人员进行安全教育，交代安全注意事项及预防措施，使装卸人员熟知货物装车规范要求，同时装卸相应工具、材料应保证齐全合格。

（4）非日常大型货物装卸，需制定装卸措施，并报有关部门审核备案。

（5）装卸人员在装卸、搬运作业时，必须有安全防护措施，发现不安全因素应及时处理。堆放物件不可歪斜，高度要适当，对易滑动件要用木块垫塞，防止滚动。用机动车辆装运货物时不得超载、超高、超长、超宽，要有可靠防护措施和明显标志。装货作业应按"先重后轻、先下后上"的原则进行。

（6）装卸人员在支架、漏斗内指挥装车时，不得站在支架或漏斗内指挥倒车，防止被车辆挤伤。搬运物件要注意有毒物品的隔离（如氢氧化钠、硫酸等），在物件上应标有"小心轻放、切勿倒置""禁止烟火""避免潮湿""玻璃容器""不得挤压"等字样或标志，安全妥善地搬运处理。

（7）现场装卸人员、搬运人员和机具操纵人员应严格遵守劳动纪律、服从指挥，非装卸人员和搬运人员均不准在作业现场逗留。对各种装卸设备，必须制定安全操作规程，并由经过操作练习且取得相关作业证书的专职人员操作。

（8）严禁任何人站在铲车或搭载的货物上随车行驶，也不得站在铲车车门上随车行驶，以防发生事故。

（9）人力装车搬运时，应实事求是、协调配合，不可冒险违章作业。装车完毕后，物件要牢固捆好，注意检查汽车车厢挡板是否牢固可靠并挂好安全钩，防止物件滑动伤人。作业现场应有统一指挥，有明确固定的指挥信号，以防作业混乱发生事故。

（10）车辆进出装卸现场，在场内掉头、倒车，在狭窄场地行驶时应有专人指挥。现场行车进场要减速，并做到"四慢"，即道路情况不明要慢，起步、会车、停车要慢，在狭路、桥梁弯路、坡路、岔道、行人拥挤地点以及在雨雪冰路面上行驶时要慢，进出大门时要慢。

（11）卸货时，一定要注意周围人员的安全，并留有一定的安全距离，防止因抛掷、用力过猛而撞伤其他人员。

（12）卸车前对车厢货物固定情况进行检查，看货物运输中有无变形或松动，如有异常，要采取防滑落措施方可进行卸车。

（13）卸货作业时则按装车相反顺序进行，对贵重和有毒有害的物品应采取相应保护方式。卸车作业时，若车辆停在坡道上，应在车轮两侧用楔形木块加以固定。

3.5　吊装作业物体打击伤害事故

1. 事故简述

2019 年 7 月 22 日 11 时 20 分左右，某精密部件有限公司在吊运货架横梁过程中发生一起物体打击事故，造成 1 人死亡，直接经济损失约 180 万元。

事故经过：2019 年 7 月 22 日 7 时，A 公司队长肖某锡安排员工阳某科、廖某雄、阳某斌、尹某 4 人在高货架区西跨进行由 B 公司发包的货架安装作业，廖某雄、尹某两人负责空中横梁固定，阳某科、阳某斌两人负责在地面将横梁通过卷扬机、滑轮吊运到安装位置。9 时许，阳某科操作卷扬机控制开关吊运横梁至顶层位置时，2 只套在立柱上的三脚固定支架突然脱落，导致被吊的 4 根横梁坠落到地面，事发后，阳某斌将变形的三脚固定支架进行了修复。修复后，阳某科与廖某雄的工作进行了互换，由阳某科、尹某两人固定横梁，廖某雄、阳某斌两人在地面吊运。11 时 20 分许，廖某雄操作卷扬机吊运横梁至离地面约 10 米时，北侧的三脚固定支架再次脱落，被吊的 4 根横梁随之坠落，其中一根横梁一端着地后，另一端在落向地面时，砸到正在地面挑选横梁的阳某斌头上，致其安全帽破裂。阳某斌头部受伤后昏迷，经抢救无效死亡。

2. 事故原因

经事故调查组调查分析，发生该起事故的原因如下：

（1）直接原因

三脚固定支架超过承载负荷，导致铆扣脱落是造成事故的直接原因。

（2）间接原因

1）A公司对员工的安全教育和培训不到位；自制吊运横梁的升降设备，未进行技术可靠性和安全性论证；现场作业人员阳某科、廖某雄、尹某未取得登高作业资格进行登高作业；阳某斌未取得焊工作业资格进行焊接作业；安装货架未按照货架施工方案要求作业。

2）管理人员无视A公司员工无证上岗违法行为；对不按照货架施工方案要求吊装横梁的违规作业行为的监督管理措施不到位。

3）某精密部件有限公司对B公司将货架安装发包给其他公司的情况疏于监管；对作业人员持证上岗情况未进行严格审核；对吊装作业中存在的安全隐患未及时督促整改，现场监督管理不到位。

3. 事故启示

吊装作业是指使用桥式起重机、门式起重机、塔式起重机、汽车吊、升降机等起吊设备进行的作业。在进行吊装作业时，应履行《特种设备安全监察条例》《起重机械安全规程 第1部分：总则》（GB 6067.1—2010）等相关法律法规和标准规范。

由本案例可发现事发企业存在以下安全管理问题：

（1）要强化安全生产主体责任落实，严格遵守安全生产法律法规，认真落实安全教育培训要求，特种岗位作业人员必须持证上岗，加大对作业现场管理力度，严格执行施工方案，发现问题和隐患要及时整改消除，确保安全生产。

（2）要严格履行安全生产主体责任，认真落实管理制度，加强对作业人员无证上岗和违章作业的管理力度，切实加强现场监督管理。

（3）要增强安全生产法制意识和安全生产责任意识，加强对施工现场的技术指导和监督管理，履行好安全生产主体责任，及时消除各类事故隐患，提升安全生产管理水平。

4. 吊装作业物体打击伤害事故的预防措施

（1）作业人员在作业前，要明确任务，制定可靠的安全技术措施。班组长和安全管理人员要经常督促检查，发现问题要及时妥善加以解决。

（2）作业人员要服从统一指挥和调配，要分工明确、坚守岗位、尽职尽责，保证调运工作的顺利进行。

（3）吊运前对各种机具（如钢丝绳、千斤顶、滑轮、卡环等）进行检查，发现有缺陷、不符合安全要求的机具应不予使用。

（4）起吊用的吊钩、吊环、链条等要符合安全标准要求，严禁超负荷使用。

（5）物件起吊前要检查绑点是否可靠、重心是否准确，并进行试吊，起吊机具受力后要仔细检查卷扬机、钢丝绳索、安全制动等变化情况，发现异常情况应立即停止作业。

（6）起吊工作要做到"五不吊"，即指挥信号或手势不明确不吊，质量和重心不清不吊，超过额定负荷不吊，工作视线不清不吊，挂钩方式不对不吊。

（7）登高作业使用的工具、工件上下传递时要采取必要的安全措施，不可用甩抛的方式传递，防止出现高处落物打击事故。

（8）不准用大直径的绳索捆绑小设备或构件，对薄壁圆柱型容器等特殊构件捆扎时，要采取加固措施。

（9）使用撬杠时，不准骑在上面，当重物升高后，要垫实垫牢，严禁将手伸入重物底面。

（10）千斤顶要直立使用，不得放倒或倾斜使用。油压千斤顶的油缸内油量不得少于规定值，螺旋千斤顶螺纹磨损率不得超过2%。

（11）起吊作业人员，要身体健康，符合登高作业要求，并熟悉本工种安全操作规程，同时具备作业知识和技能，并经考试合格方能胜任此工作。

（12）采用吊篮、吊筐登高时，必须由专人指挥升降，指挥信号要准确、可靠，吊篮、吊筐在空中不得碰撞。

（13）设备或部件运输时，要正确选择运输方法和机具，路面要保证障碍物被及时清理，捆绑要符合要求，在搬运过程中要分工明确、统一指挥、动作相互协调。

（14）注意工作信息间传递保持畅通，避免重要作业信息遗漏。

交通工伤事故典型案例

4.1 道路交通运输伤害事故

1. 事故简述

2015 年 1 月 16 日 17 时 52 分许，荣乌高速烟台莱州段饮马池大桥上发生一起 4 车相撞的重大道路交通事故，造成 12 人死亡、6 人受伤，4 辆车不同程度的损毁，直接经济损失约 1 100 万元。

事故经过：2015 年 1 月 16 日 17 时 52 分许，烟台龙口市石良镇平里院村驾驶员曹某驾驶五菱牌小型面包车沿荣乌高速公路由西向东行驶至 305 km+449.13 m 处（饮马池大桥），因路面结冰，车辆失控，与中央隔离带钢板护栏碰撞后停在应急车道上，驾驶员下车查看情况后，向保险公司报警。之后烟台栖霞市臧家庄镇东林村驾驶员柳某宏驾驶解放牌重型罐式货车行驶至 305 km+409 m

处，车辆发生侧滑，后尾部与桥南侧水泥护栏发生碰撞剐擦，向前行驶中撞到五菱牌小型面包车左后尾部，行驶 71.55 米后，货车的左前部又与中央隔离带钢板护栏剐擦，车辆又向右后方移动 2.98 米，斜向停于左侧车道和右侧车道之间。之后行驶至此的烟台市芝罘区驾驶员王某鹏驾驶大型普通客车右前侧与解放牌重型罐式货车的左后尾部发生碰撞，车体朝东北方向停在左侧车道、右侧车道和应急车道上，碰撞造成罐式货车卸油口损坏，所载汽油泄漏（约 2 吨）。威海市火炬高新技术产业开发区卧龙山小区驾驶员李某晟驾驶小型越野客车行驶至此，小型越野客车的右前部撞到大型普通客车左侧中前部，撞击产生的火花引起重型罐式货车泄漏的汽油蒸气与空气的混合物爆燃，引燃 4 辆事故车辆，造成 12 人死亡（8 人被烧死、4 人跳车坠桥死亡），6 人受伤，重型罐式货车的后尾部烧损，其他三辆车烧毁的重大事故。

2. 事故原因

经事故调查组调查分析，发生该起事故的原因如下：

（1）直接原因

1）解放牌重型罐式货车超载并在冰雪路面超速行驶，因操作失误造成车辆失控。

2）后方驶来的大型普通客车未按照规定线路行驶，在冰雪路面超速行驶、操作不当，右前角与解放牌重型罐式货车左后角相撞，并向右旋转，尾部碰撞南侧水泥护栏。

3）解放牌重型罐式货车押运员违反油罐车安全操作规范，未关闭紧急切断阀，在与大型普通客车碰撞中，货车罐体卸料口损坏，所装货物（汽油）泄漏。

4）小型越野客车在冰雪路面超速行驶，驾驶员发现大型普通客车和解放牌重型罐式货车停在路面后，采取措施过晚，直接撞在大型普通客车的左侧中前部，产生火花，引起重型罐式货车泄漏的汽油蒸气与空气的混合物爆燃。

5）这次事故导致多人伤亡是多种因素叠加的结果，主要原因是重型罐式货车押运员在非装卸时未关闭紧急切断阀，违反了紧急切断阀操作规程，导致重型罐式货车泄漏了大量汽油。

（2）间接原因

1）各运输公司货物运输安全生产主体责任不落实。安全管理制度形同虚设，日常安全管理严重缺失，所登记车辆全部为挂靠车辆并放任自由运行，对挂靠车辆挂而不管，对挂靠车辆驾驶员未进行安全教育培训，致使肇事重型罐式货车长期存在重大安全隐患。

2）专用汽车有限公司、机械制造有限公司未取得强制性产品认证，非法生产并销售肇事重型罐式货车罐体，且罐体实际容积大于公告要求的容积，属"大罐小标"。

3）车辆销售服务公司违规销售肇事重型罐式货车，违规提供肇事重型罐式货车整车合格证并开具整车销售发票。

4）特种设备检测公司违法出具虚假检验合格报告，在未对肇事重型罐式货车罐体容积进行实际测量的情况下，违规出具罐体容积符合要求的虚假报告。

5）石油化工集团履行危险货物充装安全生产主体责任不到位。公司装卸管理人员不具备从业资格，未严格落实危险化学品充装查验制度，违规为肇事重型罐式货车超载充装汽油。

6）荣乌高速公路莱州管理处履行高速公路巡查和清雪防滑职责不力。雨雪天气巡查频次和力度不够，除雪防滑工作开展不力、针对性不强，未及时开展事发地点饮马池大桥等重点路段的除雪除冰。

7）莱州市公安局对高速公路交通安全隐患处置不到位。对巡逻发现的事发地点饮马池大桥桥面结冰情况，未及时采取有效应急处置措施，如提醒警示过往车辆降低车速、安全驾驶，安全防范不到位。

8）烟台市交通运输管理部门履行客运企业安全管理工作职责不到位，对烟台交运集团有限责任公司落实客运安全管理主体责任督促检查不到位。牟平区道路运输管理处对烟台交运集团有限责任公司牟平运输分公司落实客运安全管理主体责任督促检查不到位。

9）济南市长清区质量技术监督局履行强制性产品认证监管职责不到位，未发现济南鲁联集团专用汽车有限公司在不具备生产资质的情况下违规生产肇事重型罐式货车罐体。

10）济南市长清区工商行政管理局平安工商所履行监管职责不到位，未发现专用汽车有限公司违规销售没有合格证的不合格罐体。

11）德州市质量技术监督局履行机动车检验机构监管工作职责不到位，未发现和查处特种设备检查有限公司违规为肇事重型罐式货车出具罐体虚假检验报告。

12）东营市道路运输管理处履行道路危险货物运输装卸管理

人员从业资格监管职责不到位，未开展道路危险货物运输装卸管理人员的资质认定和监督检查工作。

3. 事故启示

本案例是由多个原因导致的连环交通事故，加上危险化学品泄漏事故，其造成的伤亡比较惨重。从本案例反映出来的事故潜在原因涉及方方面面，也涉及许多单位、政府部门、人员，这说明一个安全的交通运输过程需要多方参与努力构建，在道路安全、车辆安全、危化品运输安全、驾驶员操作安全、应急救援各方面都要做到安全可靠，确保能够有效避免事故发生。

4. 道路交通运输事故的预防措施

对于道路交通运输人员而言，预防道路交通运输事故是至关重要的，道路交通运输事故的预防措施主要包括以下几个方面：

（1）坚持安全第一、预防为主的方针，开展全员安全培训，增强安全生产责任感，提高安全意识。

（2）搞好安全宣传，经常进行事故和典型案例剖析，教育司乘人员克服麻痹和侥幸心理，做到安全警钟长鸣。

（3）严格驾驶员的选聘程序，坚持对被聘用驾驶员驾驶技能进行实践考核。

（4）坚持开展驾驶员对车辆例行保养检查制度，不准将车辆交给无证或暂扣、吊销驾驶证的人驾驶。

（5）禁止酒后开车，更不能醉酒后驾车，杜绝疲劳驾驶。

（6）严禁超前抢快，车辆在陡坡、弯道、涵洞等危险地段行驶时，驾驶员要提高警惕，谨慎驾驶。

（7）驾驶员在行车中不得饮食、闲谈和玩手机，集中精力谨慎驾驶，保持行车间距，防止发生追尾事故，配合车站做好安全防范，杜绝危险物品上车。

（8）《危险化学品安全管理条例》对危险化学品运输做出了相关规定：

1）从事危险化学品道路运输、水路运输的，应当分别依照有关道路运输、水路运输的法律、行政法规的规定，取得危险货物道路运输许可、危险货物水路运输许可，并向市场监督管理部门办理登记手续。危险化学品道路运输企业、水路运输企业应当配备专职安全管理人员。

2）危险化学品道路运输企业、水路运输企业的驾驶人员、船员、装卸管理人员、押运人员、申报人员、集装箱装箱现场检查员应当经交通运输主管部门考核合格，取得从业资格。

危险化学品的装卸作业应当遵守安全作业标准、规程和制度，并在装卸管理人员的现场指挥或者监控下进行。水路运输危险化学品的集装箱装箱作业应当在装箱现场检查员的指挥或者监控下进行，并符合积载、隔离的规范和要求；装箱作业完毕后，集装箱装箱现场检查员应当签署装箱证明书。

3）运输危险化学品，应当根据危险化学品的危险特性采取相应的安全防护措施，并配备必要的防护用品和应急救援器材。

用于运输危险化学品的槽罐以及其他容器应当封口严密，能够防止危险化学品在运输过程中因温度、湿度或者压力的变化发生渗漏、洒漏；槽罐以及其他容器的溢流和泄压装置应当设置准确、起闭灵活。

运输危险化学品的驾驶人员、船员、装卸管理人员、押运人员、申报人员、集装箱装箱现场检查员，应当了解所运输的危险化学品的危险特性及其包装物、容器的使用要求和出现危险情况时的应急处置方法。

4）通过道路运输危险化学品的，托运人应当按照运输车辆的核定载质量装载危险化学品，不得超载。

危险化学品运输车辆应当符合国家标准要求的安全技术条件，并按照国家有关规定定期进行安全技术检验。

危险化学品运输车辆应当悬挂或者喷涂符合国家标准要求的警示标志。

4.2　场（厂）内机动车辆伤害事故

1. 事故简述

2019 年 3 月 6 日 9 时左右，庐山工业园内的九江市某矿业有限公司（以下简称矿业公司）厂房改扩建项目在准备进行厂房地面基础垫层混凝土浇筑作业时，发生一起工程车辆伤害事故，1 人当场死亡，直接经济损失约 60 万元。

事故经过：2019 年 3 月 6 日，矿业公司在对改扩建厂房地面混凝土浇筑施工，前期已将浇筑地面使用的砂石料、水泥、搅拌机等材料设备运送到作业场地。3 月 6 日早晨，地面混凝土浇筑劳务方施工人员陆续进场布置作业现场，准备浇筑改扩建厂房内地面，公司由陈某峰、尹某生现场负责组织协调，陈某峰负责与邹某保个人联系，由邹某保召集人员完成地面混凝土浇筑。经询问了解，公司股东余某华从北京、山东等地出差于当天7时左右坐火车（卧铺）回到九江，随后从九江市长途汽车站坐客运汽车到庐山工业园路口下车，由股东尹某生开车接送到厂区内，到厂后听说浇筑的地面有的地方不平整，需要填土，余某华就擅自开着公司里的龙工30系列中型铲车在厂区内由西南方向至东北方向往厂房内运土，由地磅位置至厂房20米左右运距做S形路线运行，时速大约10千米/时，料斗铲齿距地面约2米。大约在铲第8斗土时，突然听到有人叫喊，余某华事后说当时就吓到了，以为是刮到了电线和人，就立即刹车下车来看，看到铲车车轮旁边躺了一个人。经现场人员辨认，被碾压的是劳务人员刘某泮，余某华叫旁边的人拨打120急救电话，过了十几分钟后，120救护车到达现场，经医生鉴定伤者已当场死亡。经询问了解，余某华与死者刘某泮不相识，刘某泮是劳务队成员相邀过来的，承接人邹某保与刘某泮也是第二次见面。现场照片显示，刘某泮当时正在接水管，余某华在开铲车运土行驶过程中无意间碾压到了正在接水管的刘某泮致其死亡。

2. 事故原因

经事故调查组调查分析，发生该起事故的原因如下：

（1）直接原因

矿业公司股东余某华违规操作本公司龙工30系列中型铲车是本次事故的直接原因。根据轮式装载机操作规程规定，驾驶员需经过专门技术、安全培训，熟悉和掌握机械的结构、性能、使用等知识，经过考核合格，取得操作证后才能上岗。余某华在没有经过任何培训和取得职业资格证书，在对装载机的安全操作规程、安全使用知识及装载机的性能掌握不清楚的情况下危险操作装载机，从而在装载机运行时铲斗铲齿距离地面约2米，产生视线盲区时，对车辆运行路线没有设置安全警示标识，造成事故的发生。

（2）间接原因

1）安全管理制度缺失。矿业公司没有按照《中华人民共和国安全生产法》规定，建立健全本单位安全生产责任制，组织制定本单位安全生产规章制度和操作规程，组织制订并实施本单位安全生产教育和培训计划以保证本单位安全生产投入的有效实施并督促、检查本单位的安全生产工作，在厂房改扩建现场施工过程中没有及时查看作业现场并消除安全生产事故隐患。矿业公司在没有成立安全管理机构，明确股东安全生产责任分工的情况下组织施工，为事故的发生埋下了隐患。

2）现场安全管理混乱。该工程未到建设行政主管部门办理任何报建手续，建设单位未请有资质的施工、监理单位进行管理，施工现场未配备专业安全管理人员，施工现场无安全警示牌、标识牌，材料乱堆乱放，施工用电和临边防护等安全措施均没有按照建筑施工要求准备，导致施工现场安全管理混乱。

3）机械操作规程不严。根据轮式装载机操作规程规定，操作人员必须经过专门技术、安全培训，取得相应资质后才能上岗操作设备。矿业公司在机械操作管理上存在严重漏洞，因对机械安全操作意识淡薄，致使股东余某华在没有取得操作证和职业资格证书的情形下仅凭经验擅自违规操作，最终导致事故发生。

4）劳务外包手续不齐。作为业主单位，矿业公司在没有与第三方签订建筑施工合同的情况下，口头邀约由邹某保组织社会松散人员在没有完成技术交底的条件下，贸然组织现场施工，无法完成对施工队伍的安全监督、技术指导和现场管理。

3. 事故启示

场（厂）内机动车辆造成的事态往往有碰撞、辗轧、剐蹭、翻车、追车、爆炸、失火、出轨和搬运、装卸中的坠落以及物体打击等。车辆伤害事故的原因是多方面的，但主要是涉及人（驾驶员、行人、工人）、车辆、道路环境这三个综合因素，在这三者中，人是最为重要的。大量的场（厂）内机动车辆伤害事故统计分析表明，事故主要发生在车辆行驶、装卸作业、车辆检修及非驾驶员驾驶车辆等过程中。绝大部分车辆伤害事故的主要原因都集中在驾驶员身上，而这些事故又都是驾驶员违章操作、疏忽大意、操作技术等方面的不安全行为造成的，因此加强驾驶员安全培训至关重要。

4. 场（厂）内机动车辆伤害事故的预防措施

（1）强化本单位的特种设备人员的安全意识，特种设备生产、使用单位的主要负责人应当对本单位特种设备的安全和节能全面负责。落实安全生产责任制，落实安全管理机构、人员，落实各项管理制度及操作规程。其中特种设备安全管理制度包括安全例会制度、日常检查制度、隐患整改制度、维护保养制度、定期报检制度、作业人员培训制度、教育制度档案管理制度、重点监控设备安全管理制度、接受安全监察的管理制度、特种设备节能减排制度等。

（2）特种设备应有特种设备使用登记证，管理人员与作业人员应取得特种设备作业人员证，场（厂）内机动车使用登记证应贴在厂车上，场（厂）内机动车辆应申请厂牌。

（3）自卸车辆驾驶员必须持驾驶证和道路运输许可证，挖掘机、装载车、整平车等特种车辆驾驶员必须持特种作业操作证，驾驶员经培训后方可上岗。

（4）路基填筑汽车卸土作业时，必须专人指挥，非作业人员禁止入场，各种作业工种听从指挥，发动机未停止，驾驶员不得离开驾驶室。

（5）加强道路硬化，采取防尘措施，定期洒水降尘，避免不良道路环境对驾驶员产生不利影响。交叉路口设置交通标志，正常作业条件下，车辆应限定速度，禁止超车，保持适当车距。主要施工便道、取弃土场、路基上禁止无故停车。

（6）自卸汽车进入工作面装车，应停在挖掘机尾部回转范围0.5米以外。装车前做好车辆安全检查，装车时，驾驶员不得离开驾驶室，不得将头和手臂伸出车窗外。

（7）夜间施工时，应加强照明，保持较好的能见度。

（8）严禁指挥人员酒后指挥，严禁操作人员酒后作业，严禁作业人员身体不适上岗作业。

4.3 职工上下班交通伤害事故

1. 事故简述

2017 年 5 月，赵某与美棉公司之间建立了非全日制用工劳动关系，由美棉公司为其安排保洁员岗位，工作时间为每日 18 时以后，未明确约定工作时间段。

2017 年 9 月 30 日 0 时 52 分，赵某骑电动自行车发生交通事故负伤。经交通警察大队认定，对方负全部责任，赵某无责任。

2018 年 7 月 16 日，赵某向区人力资源社会保障局申请工伤认定，自述在上夜班途中被电动车撞伤。

2018 年 12 月 14 日，区人力资源社会保障局作出认定工伤决定书，认定美棉公司职工赵某在上班途中受到非本人主要责任的交通事故伤害，符合《工伤保险条例》第十四条第六项的规定，予以认定为工伤。美棉公司不服，向市人力资源社会保障局申请复议。经复议，市人力资源社会保障局作出行政复议决定书，决定维持认定工伤决定书。

2019 年 3 月 26 日，美棉公司向法院提起本案行政诉讼，请求撤销涉案认定工伤决定书及行政复议决定书。

一审法院认为：《工伤保险条例》第十四条第六项规定，职工在上下班途中，受到非本人主要责任的交通事故或者城市轨道交通、客运轮渡、火车事故伤害的，应当认定为工伤。

本案中，各方当事人对起诉条件、被告职权、交通事故及责任划分、适用法律、送达程序等无争议，法院经审查予以确认。

区劳动人事争议仲裁委员会于 2018 年 10 月 9 日作出的仲裁

调解书确认赵某与美棉公司于2017年5月起存在非全日制用工劳动关系。

《工伤保险条例》第十九条第二款规定："职工或者其近亲属认为是工伤，用人单位不认为是工伤的，由用人单位承担举证责任。"

本案中，赵某主张其事故发生在上班途中，美棉公司予以否认，则区人力资源社会保障局在工伤认定程序中将举证责任分配给美棉公司并无不当。赵某提供证据证明其受伤发生在上班途中，在诉讼中还提供了证言支持自己的观点。美棉公司所举证据不足以证明赵某2017年9月30日发生的交通事故并非在上班途中，不利的法律后果由美棉公司承担。市人力资源社会保障局受理复议申请后，经复议程序依法作出行政复议决定书并无不当。

二审法院认为：《工伤保险条例》第十四条第六项规定，职工在上下班途中，受到非本人主要责任的交通事故或者城市轨道交通、客运轮渡、火车事故伤害的，应当认定为工伤。

关于赵某是否是在上下班途中发生交通事故，《人力资源社会保障部关于执行〈工伤保险条例〉若干问题的意见（二）》第六条规定，职工以上下班为目的、在合理时间内往返于工作单位和居住地之间的合理路线，视为上下班途中。

据此，对于是否属于上下班途中，应当根据是否属于合理时间、合理路线等因素综合予以认定。

对于是否属于上班的合理路线，本案事故发生地点位于赵某住处与美棉公司之间，赵某上班途经事故发生地符合常理，故可以认定为合理路线。

对于是否属于上班的合理时间，本案中，美棉公司与赵某之间未签订书面的劳动合同，双方口头约定由赵某在18时美棉公司员工下班以后进行保洁工作，未明确约定工作时间段。赵某提交的证人证言能够证明其多次在夜间前往美棉公司上班。因此，赵某发生交通事故的时间，可以认定为上班途中的合理时间。

被上诉人区人力资源社会保障局经调查，认为赵某系在上班途中发生交通事故，并根据《工伤保险条例》第十四条第六项规定，作出认定工伤决定书，认定赵某受伤属于工伤，具有事实根据和法律依据。

《工伤保险条例》第十九条第二款规定，职工或者其近亲属认为是工伤，用人单位不认为是工伤的，由用人单位承担举证责任。上诉人美棉公司虽主张赵某并非在上班途中发生交通事故，但未能提交证据证明其诉讼观点，原审法院认定应当由美棉公司承担不利的法律后果，符合上述规定。

上诉人美棉公司提出，赵某与另外两家公司亦存在劳动关系，应当由三家公司共同承担工伤保险责任。

对此，二审法院认为，本案中，区劳动人事争议仲裁委员会作出的仲裁调解书，仅认定赵某与美棉公司存在非全日制用工劳动关系。且二审庭审中，美棉公司及赵某均认可赵某工资系由美棉公司向其发放。上诉人美棉公司主张赵某与其他公司亦存在非全日制劳动关系，未经有关行政主管部门予以认定。故对于上诉人的该项诉讼主张，因缺乏事实依据，不予采纳。

2. 事故原因

职工赵某在上班途中受到非本人主要责任的交通事故伤害。

3. 事故启示

对于职工工伤认定,《工伤保险条例》均作出明确规定和要求。职工发生事故情形属于条例所规定的,可进行申请工伤认定,获得工伤赔偿。《工伤保险条例》对工伤的认定作出了以下明确规定。

（1）职工有下列情形之一的,应当认定为工伤

1）在工作时间和工作场所内,因工作原因受到事故伤害的。

2）工作时间前后在工作场所内,从事与工作有关的预备性或者收尾性工作受到事故伤害的。

3）在工作时间和工作场所内,因履行工作职责受到暴力等意外伤害的。

4）患职业病的。

5）因工外出期间,由于工作原因受到伤害或者发生事故下落不明的。

6）在上下班途中,受到非本人主要责任的交通事故或者城市轨道交通、客运轮渡、火车事故伤害的。

7）法律、行政法规规定应当认定为工伤的其他情形。

（2）职工有下列情形之一的,视同工伤

1）在工作时间和工作岗位,突发疾病死亡或者在 48 小时之内经抢救无效死亡的。

2）在抢险救灾等维护国家利益、公共利益活动中受到伤害的。

3）职工原在军队服役，因战、因公负伤致残，已取得革命伤残军人证，到用人单位后旧伤复发的。

职工有上述第一项、第二项情形的，按照《工伤保险条例》有关规定享受工伤保险待遇；职工有上述第三项情形的，按照《工伤保险条例》的有关规定享受除一次性伤残补助金以外的工伤保险待遇。

（3）职工符合前述规定，但是有下列情形之一的，不得认定为工伤或者视同工伤

1）故意犯罪的。

2）醉酒或者吸毒的。

3）自残或者自杀的。

据此，本案例赵某所遇到的交通事故可认定为工伤，可依法申请工伤赔偿。

4. 职工上下班交通伤害事故的预防措施

（1）自觉学习《中华人民共和国道路交通安全法》等法律法规，提高交通安全意识和安全技能知识，并有接受单位组织安全培训教育的义务。

（2）驾驶机动车上下班的员工，应当依法取得机动车驾驶证，无证驾驶机动车不得驶入厂区。各种车辆进入厂区后，必须严格执行厂区内部交通安全管理相关规定要求。

（3）驾驶摩托车上下班（进出厂）必须正确佩戴安全帽，骑电动车上下班提倡佩戴安全帽。

（4）驾车人员上道路行驶前，应当对驾驶车辆的安全技术性

能进行认真检查，不要驾驶安全设施不全等具有隐患的汽车、摩托车、电动车。

（5）驾驶员应当遵守道路交通安全法律法规的规定，按照操作规范安全驾驶、文明驾驶，严禁超速行驶、酒后驾驶、疲劳驾驶。特别是在比较窄的道路上行驶的摩托车、电动车，遇到机动车辆错车的情况时，一定要提前避让，不要抢行通过，做到"宁停三分、不抢一秒"，以免发生意外事故。

（6）按规定停放车辆，驾驶员离开车辆时应对车辆采取制动措施，并确认停车安全，以防发生意外事故。

（7）因公出差人员或外派（驻外）人员，身处异地更要加强自我保护、自我防范意识，避免意外交通事故和人身伤害事故发生。

（8）上下班途中或因公外出期间受到机动车伤害后，除了应紧急抢救受伤人员和财产外，也要保护好事发现场，并迅速拨打电话报警（交通事故报警服务电话为 122、高速公路报警救援电话为 12122）。报警要讲清楚事故发生的时间、地点、主要情况和造成的后果。

（9）因事故受伤就医时应向医务人员讲清事故发生的简要经过，并保管好所有的就医证明材料。

（10）乘坐公共交通工具应时刻保持安全意识，防止踩踏、拥挤等伤害发生。

机械伤害工伤事故典型案例

5.1 卷入、缠绕、辗轧伤害事故

1. 事故简述

2017年3月16日14时左右，江苏某液压件有限公司（以下简称液压件公司）胶管车间发生一起一般机械伤害事故，造成1人死亡，直接经济损失95万元。

事故经过：2017年3月16日14时左右，液压件公司合股岗位员工常某蓝经过钢丝缠绕机岗位时，看到操作工李某美头东脚西仰面向上，躺在钢丝缠绕机曲拐转轮下方地面上，其左手臂断落在身体的南侧，围裙（束腰处扣带撕断）掉落在身旁，自配工作服（左肩处破损、无左袖）掉落在电动机旁边，一只左手白色纱线手套掉落在电动机上，地上有血迹。

看到情况后，常某蓝立即报告了同一车间的机修工李某荣，在安排工人向负责人殷某华、于某泉报告的同时，李某荣跑至钢丝缠绕机岗位关闭机器，与随后赶来的殷某华、于某泉一起将李某美抬出车间，在做了简单包扎后由公司派车将李某美送往医院抢救。途中，公司主要负责人于某泉拨打 110 电话报警，14 时 50 分左右，李某美经医院抢救无效死亡。

2. 事故原因

经事故调查组调查分析，发生该起事故的原因如下：

（1）直接原因

1）机械设备的转动部位无防护罩。未对转动的胶片曲拐转轮和固定曲拐转轮的六角螺栓（凸出构件近 3 厘米）安装防护罩，不符合机械加工设备相关安全要求。

2）李某美个体防护用品不符合要求。作业中，李海美穿着围裙、自带工作服（小西装），戴纱线手套，违反了《个体防护装备配备基本要求》（GB/T 29510—2013）第 8.7 条"从事有可能被传动机械绞碾、夹卷伤害的作业人员应穿戴紧扣式防护服、长发应佩戴防护帽，不能戴防护手套"的规定，导致转动部件缠住其衣服，直至被绞断左臂。

（2）间接原因

1）安全生产责任制、安全操作规程不健全。液压件公司安全生产责任制、安全操作规程修订于 2010 年 1 月，未根据《中华人民共和国安全生产法》《江苏省安全生产条例》等法律法规和相关标准规范进行修订，各岗位人员责任不清。钢丝缠绕机安全操作规程中没有涉及胶片缠绕和曲拐转轮的相关内容，也没有紧急情况下的处置规定。

2）未依法组织职工的安全生产教育和培训。2013年至事发时，液压件公司未记录安全生产教育和培训的时间、内容、参加人员及考核结果等情况，未为职工建立安全生产教育和培训档案，没有对钢丝缠绕机操作工李某美进行相应操作规程的培训并经考核上岗，职工不熟悉有关安全生产规章制度和操作规程。

3）隐患排查治理制度不落实。液压件公司未根据公司《安全隐患排查整改制度》中规定的"每季度组织一次隐患排查、各生产管理部门每月组织一次隐患排查"的要求开展隐患排查，转动部位无防护罩、职工未按规定佩戴符合要求的个体防护用品上岗操作等隐患长期存在而未能发现并消除。

3. 事故启示

在绝大多数机械、机器和设备的运行过程中，它们的部件在做高速旋转运动，这些部件具有较大的运动能量，如有缺损和变形将导致运转失稳和振动，一旦断裂或脱落，逆流作用于人体将造成伤害事故。

在生产活动中，旋转部件的种类主要有：水电站涡轮发电机的叶轮；飞机和轮船的螺旋桨；鼓风机和通风机的叶片；发电机和电动机的转子；铸造生产中螺旋搅拌机的叶片，胶带输送机的驱动轮；锻造和冲压机械传动系统运动中的飞轮、齿轮、曲轴等；切屑加工中车床的卡盘等，较大的工件；机床（车床、刨床、剪切机）的皮带轮、链轮、齿轮、链条、旋转轴和轴头等。也包括本案例的胶片曲拐转轮。

旋转部件导致的伤害主要有：

（1）旋转的搅拌机叶片将不慎伸入的手绞伤。

（2）旋转中的飞轮、齿轮、链轮、链条、旋转轴和轴头会把人体接触的部位擦伤。

（3）正面撞击会造成骨折等肢体损伤。

（4）人手伸入皮带、链条和飞轮或齿轮间会被碾伤。

（5）卡盘、花盘、拨盘、鸡心夹的突出部位可能勾住衣服、手套、头巾、发辫等而把人体或局部拖入机械造成伤害甚至死亡。

（6）高速旋转中的铣刀、砂轮接触人体会造成伤害。

（7）曲轴、未固定好的长棒料会把靠近的人体部位打伤。

4. 卷入、缠绕、辗轧事故的预防措施

为了防止机械旋转部位对人体造成意外伤害，一般会在危险部位加设安全防护装置。安全防护装置是预防操作者和其他人员接触机械旋转部件或接近机械设备危险区域造成伤害的辅助装置，主要包括防护罩、防护栏杆、防护栅栏、防护挡板等遮挡式的防护装置。

卷入、缠绕、辗轧等机械伤害事故的预防措施主要包括以下方面：

（1）在操作、维护、修理机械设备时不要穿戴可能会被机台伤害的物品，如戒指、手镯、手表、宽松的衣服、领带等，不要留长的指甲。

（2）长发的操作员必须戴上工作帽或发网，防止头发被卷入

机台。

（3）只有授权和培训过的人员才允许操作机台。

（4）严禁在不安全的机械设备上继续工作。

（5）严禁私自移开、挪用、破坏安全防护装置，若需改动安全防护装置必须先经过申请批准。

（6）机械防护装置只有指定和授权的人才可以移动和调整。

（7）每班的操作员在开工前先目视检查安全防护装置的状况。

（8）机械防护罩需要有指定或授权的人定期检查。

（9）当安全防护装置被指定或授权的人移走时必须要进行上锁挂牌程序。

（10）若安全防护装置被破坏或没有安全防护装置，绝对禁止使用机台，并要向上级报告。

5.2 碰撞、挤压、剪切伤害事故

1. 事故简述

2018 年 10 月 31 日下午，福建某果蔬食品开发有限公司（以下简称果蔬食品公司）发生一起机械伤害事故，造成 1 人死亡，直接经济损失约 116 万元。

事故经过：事发现场企业内部监控视频显示，10 月 31 日 18 时 47 分左右，果蔬食品公司生产车间杀菌工段擦水工序的普工蔡某华在正常作业过程中，在无外力作用、未与他人接触的情况下，突然弯腰，将身体伸进正在运行的玻璃瓶自动卸笼堆垛机作业面，瞬间被堆垛机的升降架压到背部。

在听到蔡某华因受压叫喊后，正在数米外整理包装纸板的同事刘某明和同在车间的班组长郑某龙等人，立即赶到事发现场，试图用手抬高升降架，对蔡某华实施救援。但因堆垛机升降架压到蔡某华后失去平衡，已无法正常升降，众人的抬举急救无果。随后，郑某龙驾驶叉车，利用叉杆强行将升降架抬高，再将蔡某华抱出来放在地板上，并随后拨打120急救电话。

2. 事故原因

经事故调查组调查分析，发生该起事故的原因如下：

（1）直接原因

蔡某华违反本公司相关操作规程（《玻璃机台操作流程》），在未提前关闭电源开关，无外力作用、未与他人接触的情况下，冒险弯腰进入堆垛机升降架作业面，致使其本人被升降架压到背部而发生事故。

（2）间接原因

1）果蔬食品公司企业安全生产主体责任落实不到位，制定的安全教育和培训制度未能有效落实。

2）未对蔡某华进行三级安全培训教育，在蔡某华调整岗位时，未重新进行车间（工段）和班组级的安全培训。

3）在2017年使用新设备（玻璃瓶自动卸笼堆垛机）时，未对相关操作人员进行专门的安全生产教育和培训。

3. 事故启示

在生产经营活动中，造成碰撞、挤压、剪切伤害的机械设备往往是做线性运动的部件。在日常生活和工矿企业生产活动中，做线性运动的机械、机器很多，如火车、汽车、升降机、桥式起重机、胶带输送机、内燃机的活塞等，这些运动中的物体都具有动能，一旦与其他物体或人碰撞，就会发生力的传递和能量的转化，产生破坏性作用。在机械加工生产中，做往复线性运动，所具有的能量足以对人体造成伤害的部件有很多，如锻造生产中的锻锤的锤头、压力机和冲压机的滑块、剪切机的刀具、刨床的刨刀等。

线性运动部件伤人的方式：

（1）在碰撞生产中，当锻锤的启动装置无意中被手、脚或身体其他部位以及落下物、飞起物触及而启动，会造成对正在进行装卸或调整锻模、锻件或者检修工作人员的意外伤害；在锻锤暂停工作或进行局部检修等情况下，往往需要锤头悬空，若未支撑好锤头，突然下落，会造成设备的损伤或正在锤头下面进行操作或检修人员的伤亡事故。

（2）在挤压生产中，手工送料或取件时，由于操作简单、频繁，容易引起人员的精神疲劳，特别是采用脚踏开关情况下，更容易发生失误动作；大型冲压机械一般为多人操作，若配合不当、动作不协调，易发生事故；冲压机械本身，如离合器失灵而发生连冲、调整模具时滑块突然自动下滑、传动系统防护罩意外脱落、敞开式脚踏开关被误踏等故障，均易造成意外事故。

（3）在剪切生产中，剪切机的每一次行程均有一次送料和出料的过程。在此过程中，操作者的手或臂有可能进入刃口中，若此时离合器、制动器失灵，剪切机"连车"，就有可能发生人身伤害事故。

4. 碰撞、挤压、剪切伤害事故的预防措施

（1）提高作业人员安全意识和安全知识，作业人员应遵守相关机械设备的安全操作规程，做好个人防护，不违章操作。

（2）为运动部件设置安全防护装置。往复运动部件的安全防护装置，是将操作人员或其他人员与机械设备的往复运动部件以及设备的危险区域隔开，以防止事故发生。这类装置主要有防护罩、操作区护板和防护栏杆。

（3）专用机械设备必须配备专用的工具，设备设施上的安全附件有缺陷时，一定要及时处理，处理不当的要及时更换设备。

（4）加强对机械设备的使用、维护、保养、检查等工作，建立完善的安全检查制度，及早发现设备隐患并迅速处理，防止机械设备带病作业。

（5）严禁无关人员进入危险性较大的机械作业现场，非机械作业人员因事必须进入的，要先与挡板机械操作人员取得联系，有安全措施后才可进入。

（6）各种机械设备操作人员必须经过专业培训，并掌握该机械设备性能的基础知识和安全操作规程，经考试合格，持证上岗。严格执行操作和规章制度，正确使用劳动防护用品，严禁无证人员操作机械设备。

（7）禁止疲劳作业，穿着需履行机械设备安全操作规程规定的相关要求。

5.3 机械设备飞出物伤害事故

1. 事故简述

2020 年 3 月 25 日，深圳市某环保有限公司（以下简称环保公司）发生一起机械伤害事故，造成 2 人受伤。

事故经过：2020 年 3 月 25 日 9 时，环保公司员工邓某川和李某平一起在公司车间钣金区操作剪板机进行剪切工作。开机后，李某平在剪板机旁操作冲角机，突然剪板机爆炸，造成剪板机气动系统、液压系统和电气系统破损，当钢板右侧的焊缝断裂时，右侧的缸体向左发生倾斜，缸体飞出，打到蓄能器和左侧气缸等部件，其余飞出物打断油管并引发一系列破坏，导致在旁工作的工人受伤。

2. 事故原因

经事故调查组调查分析，发生该起事故的原因如下：

（1）直接原因

环保公司涉事剪板机摆动刀架顶部的钢板下部未焊接且没有加强结构，造成该钢板与两个气缸顶接的部位强度不足，当钢板右侧的焊缝断裂时，右侧的缸体向左发生倾斜，缸体飞出从而造成事故。

（2）间接原因

环保公司主要负责人周某如履行安全生产管理职责不到位，未组织制订并实施本单位安全生产教育和培训计划，未认真督促、检查本单位的安全生产工作，未及时发现并消除本单位机械设备存在的生产安全事故隐患。

3. 事故启示

飞出物打击是由于机械设备发生断裂、松动、脱落或弹性位能等机械能释放，使失控的物件飞甩或反弹出去，对人造成伤害。例如：轴的破坏引起装配在其上的胶带轮、飞轮、齿轮或其他运动零部件坠落或飞出；螺栓的松动或脱落引起被其紧固的运动零部件脱落或飞出；高速运动的零件破裂碎块甩出；压力容器爆炸弹出飞出物伤人；切削废屑的崩甩等。另外，弹性元件的位能引起的弹射有弹簧、皮带等的断裂；在压力、真空下的液体或气体位能引起的高压流体喷射等。

本案例中因为设备设施的可靠性低，机械设备没有得到良好固定，因而机械设备工作时有飞出物打击到作业人员，造成作业人员重伤。由此可知，飞出物打击伤害既需要通过提升机械设备可靠性和作业人员安全意识来预防，也应制定安全检查制度，定期检查机械设备好坏，作业人员需在作业前检查机械设备功能是否正常并做好个人防护。

4. 机械设备飞出物伤害事故的预防措施

（1）定期检查机械设备可靠性，作业前需要全面检查机械设备的功能是否正常，做好作业前安全准备。

（2）及时维修、保养、更换机械设备，确保机械设备功能安全，防止机械设备带病工作。

（3）提高安全意识，不要抱有侥幸心理，不能违章冒险作业。

（4）安装必要的安全防护装置。常见的安全防护装置有：

1）防护罩。如砂轮一定要有防护罩，防护罩要有足够的强度以挡住碎块飞出。防护罩开口尺寸要合适，以防止碎块水平飞出伤人。

2）防护挡板。用于隔离磨屑、切屑和冷却润滑液，避免其飞溅伤人。妨碍作业人员观察的挡板，可用透明的材料制作，一般用钢化玻璃或透明塑料板均可。在锻造车间布置设备时，应尽量考虑锻件或料头飞出的主要方向对着车间侧墙，若确有困难，也应设置挡板。

3）安全阀。如在射砂机中，气路系统中装设安全阀，它是一个起连锁作用的二位二通开关，作用是当闸板处于开启加砂位置时，除闸板汽缸外，其他工作机构的气路全被安全阀切断而不能动作，避免在加砂时误开射砂阀而造成芯砂向外喷射伤人的事故。

中毒窒息工伤事故典型案例

6.1　有限空间中毒窒息事故

1. 事故简述

2018 年 6 月 16 日，杨凌市某生物科技有限公司（以下简称生物科技公司）发生一起有限空间中毒窒息事故。事故造成 4 人死亡，直接经济损失约 490 万元。

事故经过：2018 年 6 月 16 日 17 时 30 分左右，生物科技公司生产部员工王某国没有按照有限空间作业规定，在未进行作业审批、未采取任何防护措施的情况下进入发酵车间 1# 发酵罐（入口位于罐体顶部的二层操作平台）内作业时，昏倒在罐体内。在场的生产厂长高某宏发现后一边喊叫救人，一边进入罐内施救，后也昏倒在罐体内。17 时 44 分，听到发酵车间的呼救后，正在办公楼工作的公司董事长杨某锁、总经理杨某和采购部刘某以及水溶肥车间员工吴某会、李某印等赶到事发现场,当发现王平国、高某宏两人均已昏倒在罐体内底部的菌液(深约40厘米)中时,董事长杨某锁立即安排刘某去找梯子(下井工具),随后进入罐内施救,但很快昏倒在地。见此,在场的总经理杨某情急之下又入罐施救,也同样昏倒,4人后经抢救无效死亡。

2. 事故原因

经事故调查组调查分析,发生该起事故的原因如下:

(1)直接原因

1)生物科技公司生产部员工王某国安全意识缺失,违规、违章,冒险进入发酵罐内作业,导致吸入大量二氧化碳气体,中毒窒息死亡,是造成此次事故的直接原因。

2)生产厂长高某宏、董事长杨某锁和总经理杨某安全意识淡薄,在未采取任何安全防护措施的情况下,相继进入罐内盲目施救,致使3人死亡,导致事故后果扩大。

(2)间接原因

生物科技公司安全生产主体责任落实不到位,管理人员安全意识淡薄,安全生产责任制不健全,危险作业管理制度、有限空间管理制度、作业票审批管理制度、风险分级管控和隐患排查治理管理制度、新员工三级教育和培训等制度均未建立和落实,应急管理制度落实不到位,编制的应急预案缺少中毒窒息事故应对策略、进入有限空间作业的注意事项等方面的内容;没有进行风险评估,没有对预案进行评审备案和演练,生产现场缺乏安全警示标志和危害告知牌，无事故应急器材、应急装备和个人防护用品（具），企业以停产为由规避主管行业单位检查。操作人员和救援人员未采取任何安全防护措施，冒险作业、盲目施救，导致事故后果扩大，是造成此次事故的主要原因。

3. 事故启示

有限空间是指封闭或部分封闭，进出口较为狭窄有限，未被设计为固定工作场所，自然通风不良，易造成有毒有害、易燃易爆物质积聚或氧含量不足的空间。

有限空间主要存在以下危害：

（1）有限空间容易积聚高浓度的有毒有害物质。有毒有害物质可以是原来就存在于有限空间内的，也可以是作业过程中逐渐积聚的。

1）清理、疏通下水道、粪便池、窑井、污水池、地窖等作业容易产生硫化氢等有毒有害气体扩散。

2）如在市政建设、道路施工时，损坏燃气管道，燃气渗透到有限空间内或附近民居内，造成燃气积聚；在设备检修时，设备内残留的燃气泄漏等。

3）在有限空间内进行防腐涂层作业时，由于涂料中含有的苯、甲苯、二甲苯等有机溶剂的挥发，造成有毒物质的浓度逐步提高等。

（2）缺氧危害

1）由于二氧化碳比空气密度大，在长期通风不良的矿井、地窖、船舱、冷库等场所内部，二氧化碳易挤占空间，造成氧气浓度低，引发人员缺氧窒息。

2）工业上常用氮气及氩气、氦气等惰性气体对反应釜、贮罐、钢瓶等容器进行冲洗，容器内残留的惰性气体过多，当工人进入时，容易发生缺氧窒息。甲烷、丙烷也可导致工人缺氧或窒息。

有限空间中毒窒息事故经常发生，其发生地点往往位于密闭罐体、地下空间、井下等，一般造成中毒性窒息和缺氧窒息。在有限空间中毒窒息事故中，事故伤亡扩大往往是因为其他人员在施救中毒人员时，因未做好个人防护措施而中毒窒息。因此，在做好有限空间中毒窒息事故预防的同时，培养优良的应急救援能力也是避免事故扩大的关键举措。

4. 有限空间中毒窒息事故的预防措施

（1）进入作业现场前，要详细了解现场情况和以往事故情况，并有针对性地准备检测与防护器材。

（2）有限空间作业前，首先要检测预有限空间内部氧气、危险有害物浓度；隔离电、高低温及危害物质。其次是根据实际情况做好通风换气，按规定佩戴个人防护用品和自动报警装置，确认安全后方可进入。

（3）对作业面可能存在的电、高低温及危害物质进行有效隔离。

（4）进入有限空间时应佩戴隔离式空气呼吸器或佩戴氧气报警器和正确的过滤式空气呼吸器。进入有限空间时应佩戴有效的通信工具，系安全绳。

为保证作业安全和有效应急救援，有限空间作业现场应配备安全防护装备：

1）全面罩正压式空气呼吸器或长管面具等隔离式呼吸保护器具。

2）应急通信报警器材。

3）现场快速检测设备。

4）大功率强制通风设备。

5）应急照明设备、安全绳、救生索和安全梯等。

（5）当发生急性中毒窒息事故时，应急救援人员在做好个体防护并佩戴必要应急救援设备的前提下，才能进行救援。严禁贸然施救，以免造成不必要的伤亡。

6.2　炮烟中毒窒息事故

1. 事故简述

2015 年 12 月 1 日 10 时 20 分，湖南某有色金属矿业有限责任公司（以下简称有色金属矿业公司）采掘工区西部 –230 米中段北西沿 404 南钻窝发生一起中毒窒息事故，造成 1 人死亡、1 人轻伤，直接经济损失 97.1 万元。

事故经过：7 时 30 分，匡某保、廖某国从 330 米平硐口入井，经 +472 米竖井副罐、+50 米斜井、175 斜井后，约 9 时许，到达 –230 米中段车场。匡某保在车场调配了本班需用的 10 个矿车，然后与廖某国一起用电机车拉了 4 个矿车进入作业地点，并于 9 时 20 分，到达 404 南钻窝。与此同时，两名通风工和两名松石工也相继到达现场。到达作业地点后，匡某保开启压入式局部通风机和照明并对矿渣洒水，因嫌噪声大，所以又停掉了局部通风机。匡某保、廖某国在做准备工作时，闻到了炮烟味，因味道不强烈，也看不见炮烟，当时没有引起重视，便开始清渣作业。松石工处理好松石后已经离开了。

10时20分左右，匡某保、廖某国两人已出了一车半的渣，这时廖某国感觉身体不舒服，全身发软、手足无力，就坐在钻窝口处休息。匡某保发现廖某国身体出现不适表现后，就扶他至较宽敞的车场休息，并怀疑他可能是炮烟中毒了。因自己中毒症状还没有明显表现出来，就立即背着廖某国往车场走，途中摔了一跤后，匡某保也感觉有中毒症状。此时，廖某国稍微有点清醒，两人便相互搀扶着继续往车场方向走，至10时51分到达 -230 米中段车场的护栏候车处休息，并取下矿帽，途中廖某国没有说话。10时52分，负责175斜井雷管配送的雷某国经过此地，遇见了二人，匡某保告诉雷某国说："我可能氮气中毒了，身体好没事，只是有点头痛。"雷某国要匡某保到斜井踏步那里去多呼吸新鲜空气，叮嘱说万一扛不住，就打电话要人车，然后就下 -270 米中段继续送雷管去了。通过事后调取监控视频，可以看到匡某保当时坐在 -230 米中段环顾周围的场景。10时54分，匡某保突然也因炮烟中毒倒下。廖某国发现其倒下，还有呼吸，并处于昏迷状态，便立即呼喊他的名字，但他已经没有了回应。随即，廖某国与车场信号工刘某勇等人一边打电话报告公司调度室及项目部，一边组织现场救援，后匡某保经抢救无效死亡。

2. 事故原因

经事故调查组调查分析，发生该起事故的原因如下：

（1）直接原因

作业人员违章进入没有开启局部通风机稀释因放炮产生炮烟的 –230 米中段的北西沿巷 404 南钻窝内作业，导致发生作业人员炮烟中毒窒息死亡事故。

（2）间接原因

1）局部通风管理不到位

①事故地点 2 台局部通风机均安装在独头巷道内，安装位置不正确，不符合《金属非金属地下矿山通风技术规范局部通风》（AQ 2013.2—2008）的规定，风筒吊挂和风速不符合《金属非金属矿山安全规程》（GB 16423—2020）的规定。

②作业面供给风量不足。独头巷道供给的新鲜风量只有 7.5 立方米 / 分，不能满足《金属非金属安全规程》（GB 16423—2020）供风量应不少于每人 4 立方米 / 分的规定。

③未按要求对采掘工作面进行风量测定。

④未执行公司制定的"放炮后必须等待 20~30 分钟，待炮烟、有毒有害气体稀释、冲淡排出后，作业人员才能进入作业地点工作"和"作业人员进入独头工作面之前，必须开动局部通风设备用于通风"的规定。

⑤井下作业地点随意停开局部通风机现象比较普遍。

⑥公司制定的《井下局部通风安全技术管理规范》中第二条井下作业面局部通风安装规范的部分内容违反《金属非金属地下

矿山通风技术规范局部通风》（AQ 2013.2—2008）的相关规定。

2）现场安全管理不到位

①存在以包代管的现象。承包单位未履行《非煤矿山外包工程安全管理暂行办法》第二十条规定的承包单位对所属项目部的安全管理职责，承包单位驻有色金属矿业公司管理事发矿井的项目部未执行《非煤矿山外包工程安全管理暂行办法》第二十三条领导带班下井的规定，未开展井下隐患排查工作，安全管理制度不健全、安全操作规程不完善。上述问题的出现也反映出有色金属矿业公司在安全生产工作方面存在以包代管的现象。

②井下作业现场安全确认流于形式。作业人员开工前安全管理人员未对现场通风安全进行确认，安全管理人员未持有必要的有毒有害气体检测仪对井下空气进行检测；由谁先确认、如何确认也不明确，现场安全确认制度形同虚设。

③隐患排查不力。有色金属矿业公司安全生产管理人员在日常的现场安全巡查过程中，对事故中段局部通风量不能满足作业要求的安全隐患没有发现并提出整改意见；对作业人员违章不按规定开启局部通风机、随意开停局部通风机的行为，违章无风微风作业制止不力，11月29日、30日早班，安全员朱某斌和中段长龙某庆分别到−230米中段进行了安全巡查，但对事故中段局部通风已经存在的安全隐患没有引起高度重视，没有提出整改意见，也没有向工区、安环部、公司提出建议。

3）安全装备不到位

①没有按规定配备足够的自救器，并且配备在井下的自救器放置位置距事故地点200~300米，不能满足事故救援的需要。

②没有按规定给井下安全管理人员配备足够的有毒有害气体检测仪，现场通风安全确认凭经验、靠感觉。

③事故发生的 –230 米中段没有按规定完善金属非金属矿山安全避险"六大系统"的建设，作业地点没有按要求安装一氧化碳传感器实行在线监测。

4）采掘工程布置不合理。事故地点相邻区域 107 米的范围内同时布置 4 个掘进工作面，工作面的布置过于密集，并存在多个工作面同时生产的现象；事故当班，同时安排北西沿 151 北穿、北西沿主沿脉巷 2 个掘进工作面放炮作业，劳动组织和生产安排均不合理；在狭小的作业区域内增加了作业人员数量和炸药的消耗量，同时也就增加了作业区域内的通风量需求，在本来局部通风存在严重问题的情况下增大了发生生产安全事故的风险。

5）安全教育和培训不到位，应急处置能力差

①现场安全管理人员和作业人员对一些基本的通风安全常识（如局部通风机的安装要求、一氧化碳的安全浓度等）不清楚。

②负责 –230 米中段的通风工不具备应有的通风安全知识和能力，未持证上岗。

③井下作业人员对作业地点局部通风机通风量不足、有毒有害气体超过安全规程规定等通风安全隐患认知能力较差，发生中毒迹象后因自救互救方法不当造成伤亡事故。

3. 事故启示

矿山采掘作业中，需用炸药进行爆破作业，以开拓井巷或采矿。爆破时会产生大量的炮烟，炮烟中含有有毒有害气体，其主

要成分有一氧化碳、二氧化碳、氢气、硫化氢、二氧化硫、甲烷等。当人体吸进一定量的有毒气体之后，轻则引起头痛、心悸、呕吐、四肢无力、昏厥，重则使人发生痉挛、呼吸停顿，甚至死亡。

引起炮烟中毒窒息的原因主要有：

（1）通风设计不合理，炮烟长时间在作业面滞留，独头掘进没有局部机械通风，或未做到新风有来路、污风有出路，或通风的时间过短。

（2）警戒标志不合理或没有标志，人员意外进入通风不畅、长期不通风的盲巷、采空区、硐室等。

（3）意外的风流短路，人员意外进入炮烟污染区并长时间停留，主机械通风未开或意外停风等。

爆破作业过程中炮烟中毒窒息对作业人员的身体健康和安全生产构成严重威胁。据有关统计资料表明，在国内外的爆破作业工程中，炮烟中毒的死亡事故占整个爆破事故的28.3%。可见有毒气体是造成井下死亡事故的重要原因之一，必须对此予以足够重视。从本案例可以看出，作业人员已经察觉到炮烟中毒，但未及时展开自救互救以及汇报事故情况请求救援，这反映了作业人员应加强安全教育和培训，提高察觉事故的灵敏性，不可抱有侥幸心理。

4. 炮烟中毒窒息事故的预防措施

（1）技术措施

减少或消除炸药爆破中炮烟有毒气体的产生，是防止炮烟中毒的根本措施，具体措施包括以下几个方面：

1）炮烟消除技术措施。优选炸药品种和严格控制一次起爆药量。在井巷爆破掘进过程中，应根据工作面的实际情况选择炸药品种。如井巷工作面存在积水时，应选用抗水型炸药，防止因炸药受潮影响爆炸稳定传播，从而产生大量有毒气体；对于低温冻结井施工，应选用防冻型炸药，否则炸药会因不完全爆炸产生大量有毒气体；爆破产生的有毒气体量与炸药用量成正比，严格控制起爆药量，可以有效降低有毒气体生成量。

2）采用物理化学方法

①合理使用水泡泥。用水泡泥代替泥土，炮烟中的二氧化碳、一氧化碳、二氧化氮等含量均可大大降低。

②水泡泥中添加抑制剂。选择使用在1%碱液中加二氧化锰成为胶质悬浮物的液体，装在聚乙烯袋中用作炮泥，能显著降低炮烟中的有毒气体含量；用次氯酸钾和双氧水（体积比1∶12）溶液作为氧化液，放在聚乙烯袋中置于炮药和炮泥之间，消除炮烟中的一氧化碳和二氧化氮两种气体。

3）炮烟净化技术措施

①选用中和剂。在爆破后的工作面巷道中，用压缩机喷射筛孔的熟石灰，以消除二氧化氮。

②采用气体净化装置。采用带空气过滤器的气体净化装置，过滤器中装有粒度为3毫米的霍加拉特（主要成分为二氧化锰、氧化铜）及粒度为3~5毫米的碱石灰，放置到工作面开动风机，使炮烟中的一氧化碳和二氧化氮与过滤器里的化学药剂作用生成二氧化碳而被吸收。

（2）工程措施

1）对地下矿山通风系统进行优化改造，根据通风阻力测定结果，结合每个采掘工作面的需风量情况，优化通风系统。

2）炮烟监测预警工程。按照《金属非金属地下矿山监测监控系统建设规范》（AQ 2031—2011），为每个班组配置便携式气体检测报警仪，并建设有毒有害气体在线监测系统。

（3）管理措施

1）加强爆破技术管理。爆破作业人员严格按规定时间放炮，其他作业人员必须在规定的放炮时间内撤离危险区。加强炸药运输和储存的管理，保证炮孔堵塞长度和堵塞质量，采用水封爆破或放炮喷雾，采用反向起爆方式。

2）加强爆破警戒。严格按爆破规程的规定进行警戒，做到所有通往爆破作业面的通道均悬挂标志和站岗警戒。警戒人员必须在爆破前对所有受爆破影响的区域及相邻作业面进行清岗。

3）严格规范爆破组织措施。两人以上进行爆破时，要指定专人负责。了解和掌握爆破作业点和周围作业面的相互关系，互相协调，并制定稳妥的安全措施和组织措施。与相邻作业面同时进行爆破作业时，必须协调好爆破时间，防止相互影响造成事故。

4）加强安全教育和培训。加强爆破技术和安全教育和培训，提高爆破作业人员的素质以及井下作业人员自我防护能力。

5）个体防护。由于地下矿山生产的特殊性，入井人员必须随身携带过滤式自救器。

触电伤害工伤事故典型案例

7.1 作业现场临时用电触电伤害事故

1. 事故简述

2019 年 9 月 5 日，浙江某建筑有限公司（以下简称建筑公司）发生一起触电死亡事故，1 名作业人员当场死亡。

事故经过：建筑公司准备将万侨国际二号楼 7 楼装修后出租，公司董事长周某华指示公司工程部员工季某建负责落实。季某建于 2019 年 7 月份联系相关作业人员进行了询价，确定由万侨国际墙体粉刷项目承包人陈某绸负责二号楼 7 楼整层的墙体粉刷工程。陈某绸分别向陈某明、范某方、雷某兴等提出合伙完成该工程的室内墙体粉刷工作。2019 年 7 月 23 日，陈某绸、陈某明、雷某兴进场施工，7 月 24 日，范某方也进场施工。陈某绸于 8 月底联系了打磨工吴某鹏，邀请他进场打磨。吴某鹏因为受伤暂时不能干活，便让他的妹夫何某平与陈某绸联系。陈某绸和何某平口头约定以 3 500 元的价格由何某平负责完成 7 楼整层的打磨工作。9 月 4 日上午，何某平进场开展打磨作业。9 月 5 日 19 时 01 分，陈某绸来到工地查看进度，发现打磨机还在运转并发出响声，而何某平侧躺在脚手架上，陈某绸立即拨打 110、120，并通知季某建、陈某明、雷某兴、范某方等人，他们随后都赶到现场。19 时 34 分左右，120 急救车赶到现场，医生现场核实何某平已经死亡。

2. 事故原因

经事故调查组调查分析，发生该起事故的原因如下：

（1）直接原因

1）何某平安全意识淡薄，在施工作业过程中使用其自带存在漏电安全隐患的手持式打磨机，打磨机在使用过程中发生漏电。

2）作业现场临时用电不规范。

（2）间接原因

1）建筑公司未建立生产安全事故隐患排查治理制度，未对室内墙体粉刷工程进行经常性安全检查，未对作业现场临时用电不规范的安全隐患予以整改。

2）建筑公司法定代表人周某华未建立健全公司安全生产责任制，未有效督促、检查本单位的安全生产工作，未能及时消除生产安全事故隐患。

3）万侨国际墙体粉刷项目承包人陈某绸未认真履行安全管理职责，未监督现场作业人员使用符合安全生产条件的手持式打磨工具，未对作业现场临时用电不规范的安全隐患予以整改。

3. 事故启示

本案例是绝大部分触电事故的一种，触电伤害一般会造成电击伤和电伤，其中电伤包括电烧伤、电烙印和皮肤金属化三种。而作业现场临时用电应遵循《施工现场临时用电安全技术规范》（JGJ 46—2005）、《建设工程施工现场供用电安全规范》（GB 50194—2014）相关标准规范。许多作业现场用电不够规范，电线杂乱、私拉电线、带电作业不做好防护措施等不安全行为经常发生，这些都是作业现场用电时存在的安全隐患。每个企业和员工应当重视触电危险性，不要存在侥幸心理，带电作业时做好个人防护措施。

针对本案例，人员操作手持电动工具应注意以下事项：

（1）辨认铭牌，检查工具或设备的性能是否与使用条件相适应。

（2）检查其防护罩、防护盖、手柄防护装置等有无损伤、变形或松动。不得任意拆除机械防护装置。

（3）检查电源开关是否失灵、是否破损、是否牢固、接线有无松动。

（4）检查设备的转动部分是否灵活。

（5）使用任何手持电动工具都必须执行安全技术操作规程，操作者应穿戴好绝缘鞋、绝缘手套等个人防护用品，并站在绝缘板上操作。

（6）手持电动工具的电源要安装漏电保护器，工具的金属外壳应接地或接零，配用的导线、插头、插座应符合要求。

（7）首次使用前，应检测手持电动工具的接零和绝缘情况，确认无误后才能使用。

（8）手持电动工具的导线必须使用绝缘橡胶护套线，禁止用塑料护套线，导线两端要连接牢固，内部接头要正确，特别是手柄尾部的电缆护套要完好。

（9）手持电动工具的电缆线不应有接头，长度不宜超过5米。

（10）在使用中挪动手持电动工具时只能手提握柄，不得提拉导线；不要过分翻转，避免手柄内电源接头缠、扯脱落，使机壳带电或发生短路；要防止手持电动工具的工作端对人体造成机械伤害。

（11）在易燃易爆工作环境中切不可使用手持电动工具，以免产生火花酿成火灾爆炸事故。

（12）用毕及时切断电源，并妥善保管。

4. 作业现场临时用电触电伤害事故的预防措施

（1）临时用电应由项目工程师单独编制施工组织设计，并定期对临时用电工程进行检测，必须由持证电工进行操作。

（2）施工现场配电应遵照《施工现场临时用电安全技术规范》（JGJ 46—2005）的规定进行布置，供电系统采用TN—S保护导体和中性导体分离接地系统，在三相五线制供电系统中必须做到三级配电二级保护的要求。

（3）每个电气设备必须做到"一机一闸一漏一箱"的要求，线路标志要分明，线头引出要整洁，各电箱要有门有锁，达到防雨防潮的要求；采用的电气设备应符合现行国家标准的规定，并有合格证件和铭牌，使用中的电气设备应保持良好的工作状态。

（4）配电室必须做到"四防和一通"的要求，即防火、防潮湿、防水、防动物和保持通风良好，室内应备有绝缘设备，还应备有匹配的电气灭火消防器材、应急照明等安全用具。

（5）建立临时用电施工组织设计和安全用电技术措施的编制、审批制度，并建立相应的技术档案。

（6）建立技术交底制度。应向专业电工、各类用电人员介绍临时用电施工组织设计和安全用电技术措施的总体意图、技术内容和注意事项，并应在技术交底文字资料上履行交底人和被交底人的签字手续，注明交底日期。

（7）建立安全检查制度。从临时用电工程开始，定期对临时用电工程进行检测，主要检测接地电阻值、电气设备绝缘电阻值、漏电保护器动作参数等。

（8）建立电器维修制度，加强日常和定期维修工作，及时发现和消除隐患，并建立维修记录，记载维修时间、地点、设备、内容、技术措施、处理结果、维修人员、验收人员等。

（9）建立工程拆除制度。工程竣工后，临时用电工程的拆除应有统一的组织指挥，并须规定拆除时间、人员、程序、办法、注意事项和防护措施等。

（10）建立巡回检查和评估制度。施工管理部门和企业要按《建筑施工安全检查标准》（JGJ 59—2011）定期对现场用电安全情况进行检查评比。

（11）建立安全用电责任制，对临时用电工程各部位的操作、监护、维修分配、分块、分机落实到人。

（12）建立安全教育和培训制度，定期对专业电工和各类用电人员进行用电安全教育和培训。凡上岗人员必须持有关部门核发的上岗证书，严禁无证上岗。

（13）施工前临时用电必须编制施工组织设计方案；根据施工现场与周围环境，规定电气设备的安全距离；注意接地与防止雷电损坏；对配电线路要规定驾空线路、电缆线路、室内配线的规则；施工过程中，需要对施工人员加强安全用电教育，对电动建筑机械及手持电动工具要规定使用要求及漏电保护器的使用方法，还要规定各种场所照明的使用原则等。

7.2　电工作业触电伤害事故

1. 事故简述

2018 年 8 月 19 日 9 时 30 分许，南京崇德建设工程有限公司组织工人在红枫科技园 D2 楼地下室 4# 配电房安装电缆线时，电工林某明不慎触电死亡，此次事故共造成直接经济损失约 200 万元。

事故经过：8 月 19 日 6 时 30 分许，电工班组长时某双和电工林某明两人来到该项目，准备进行配电房内的电缆线安装作业。6 时 50 分许，时某双通过孙某厚（项目负责人）联系配电房管理人员打开配电房，随后时某双和林某明两人带着工具进入配电房，准备在 415 盘柜进行接线作业。7 时许，南京崇德建设工程有限公司安全员李某富巡查至配电房，对正在进行准备工作的时某双和林某明提出作业时要断电等安全注意事项后离开。李某富离开后，时某双继续整理工具，并让林某明将配电柜电源关闭，林某明走到配电柜背面，断开电源开关。时某双听到林某明断开电源开关时的"啪啪"声后，开始进行接线作业。时某双和林某明两人首先根据需要的长度剪割电缆线，然后对电缆线头进行破皮、装线鼻子，做好一根电缆线后，由林某明负责将线鼻子接至 415 盘柜内的接线端子上，时某双在林某明身旁辅助递送工具。其间，林某明认为室内无坠物危险，不听时某双劝阻，将安全帽摘下放于身旁。9 时 30 分许，在刚安装好第 5 个线鼻子准备连接 415 盘柜内接线端子时，时某双担心林某明脚边的废弃电缆线及工具碍事，遂转身将其移放到后方。待时某双放置好废弃电缆线等物件后转身时，发现林某明已经一头栽入配电柜内，双腿弯曲在外，呼叫无应答。时某双意识到林某明可能触电，立即跑至配电柜后方查看开关，发现配电柜内上级电源开关未断开，他便立即将其断开，随后将林某明拉出配电柜，随后跑至地面拨打电话寻求救援。项目管理人员接报后，立即安排车辆将林某明送往医院抢救。当天 11 时 10 分许，林某明经抢救无效死亡。

2. 事故原因

经事故调查组调查分析，该起事故的原因如下：

（1）直接原因

林某明在接线作业过程中，越过电气作业安全防线，头部不慎触碰到带电母排，导致触电身亡。

（2）间接原因

南京崇德建设工程有限公司未将作业区域与带电区域进行有效的绝缘隔挡，对作业现场安全管理不到位；同时，对工人安全教育培训不到位，未监督、教育职工按照使用规则佩戴、使用劳动防护用品。

3. 事故启示

在大多数人的认知里，电工的技术水平比普通人要好，往往不会出现触电事故，但是带电作业时发生电工触电事故的例子屡见不鲜。因此电工在进行带电作业时，不仅要熟悉安全操作规程，还应该明白触电的危险性，做好安全防护措施。

本案例涉事人员疏于个人防护，存在侥幸心理，最终酿成了事故。这启示作业人员要时刻保持"安全第一、预防为主"的安全意识，作业时应提高警惕，按照安全操作规程作业。

4. 电工作业触电伤害事故的预防措施

（1）上岗前的检查和准备工作

1）上岗前必须按规定穿戴好工作服、工作鞋、工作帽。

2）在安装或维修电气设备时，要清扫工作场地和工作台面，防止灰尘等杂物落入电气设备内造成故障。

3）上班前不能饮酒，工作时应集中精力，不能做与本职工作无关的事。

4）必须检查工具、测量仪表和防护用具是否完好。

（2）电工作业规则

1）检修电气设备时，应先切断电源，并用验电笔（低压验电器）测试是否带电。在确定不带电后，才能进行检查修理。

2）在断开电源开关检修电气设备时，应在电源开关处挂上"有人工作，严禁合闸！"的标牌。

3）电气设备拆除送修后，对可能来电的线头应用绝缘胶布包好，线头必须有短路接地保护装置。

4）严禁非电气作业人员检修电气设备和线路。

5）严禁在工作场地，特别是易燃易爆物品的生产场所吸烟及进行明火作业。

6）在检修电气设备内部故障时，应选用36 V的安全电压灯具照明。

7）电动机通电试验前，应先检查绝缘是否良好，机壳是否接地。

8）拆卸和装配电气设备时，操作要平稳，用力应均匀，不要强拉硬敲，防止损坏电气设备。

9）在烘干电动机和变压器绕组时，不准在烘房或烘箱周围堆放易燃易爆物品，不准在烘箱附近使用易燃溶剂清洗零件或喷刷油漆。

（3）作业收尾工作

1）完成作业后要清理好现场，擦净仪器和工具上的油污或灰尘，并将其放入规定位置或归还工具室。

2）作业完后要断开电源总开关，防止电气设备起火。

3）修理后的电器应放在干燥、干净的工作场地，并摆放整齐。

4）做好故障电气设备的检修记录，以便于查阅。

7.3 配电现场作业触电伤害事故

1. 事故简述

2016年5月27日，诸暨市某电力安装工程有限公司（以下简称电力安装公司）在诸暨市江藻镇墨二村110千伏姚江变墨城线改造工程架线施工中发生一起触电事故，造成1人死亡。

事故经过：因架线施工跨过10千伏墨三村支线以及0.4千伏墨二村变低压线路，需做停电处理。诸暨市姚江供电所根据电力安装公司电力工程施工配合停送电及交接联系单，分别于2016年5月18日、26日组织工作人员对停电范围及施工区域进行现场勘查。5月26日，姚江供电所巡检员暨本次停电防护工作负责人陈某兴口头向副所长倪某刚汇报，因墨二村多次停电，住户反映强烈，建议5月27日在0.4千伏墨二村变A线5#杆处采用临时剪断接户线，再恢复墨二村变送电的办法，减少停电范围，得到倪某刚的口头同意。5月27日7时30分左右，电力安装公司施工负责人郭某龙带领公司安全员柴某枫、安徽某电力建设有限公司（以下简称电力建设公司）现场负责人曾某双带领罗某成等施工人员到达墨二村施工现场。郭某龙随即召开安全会，对曾某双布置当日的施工任务、安全措施等。此时陈某兴同防护人员王某也到达施工现场，并且先断开了10千伏墨三村支线。8时20分左右，陈某兴安排王某拉开墨二村变A、B总保、低压总闸刀，断开0.4千伏墨二村变低压线路电源。8时30分左右，王某操作完毕后致电陈某兴。陈某兴安排电力建设公司施工人员罗某成上杆执行墨二村A线5#杆接户线断线工作，罗某成遂登杆作业。当爬到低压横担处下方时，附近有一用户向陈某兴询问停电事宜，陈某兴离开去同用户解释。8 时 40 分左右，陈某兴突然听到"啊"的一声，跑过来发现罗某成倒挂在 5# 杆低压横担上。陈某兴发现罗某成触电后，立即告知其他施工人员。随后曾某双与郭某龙及其他施工人员陆续赶到事故现场，曾某双与另一名施工人员立即登杆，将罗某成解救到地面，并对其进行心肺复苏急救。120 急救车将罗某成送往医院抢救，但是经抢救无效死亡。

2. 事故原因

经事故调查组调查分析，发生该起事故的原因如下：

（1）直接原因

电力建设公司作业人员罗某成上杆作业前未按操作规程挂接地线，在未做好可靠的安全技术措施下上杆作业；未经施工负责人曾某双同意，擅自协助防护人员做现场停电防护工作，违章操作。

（2）间接原因

1）电力安装公司对劳务分包单位安全管理不到位，对劳务分包人员安全教育不够，作业现场安全监管存在漏洞。

2）电力安装公司施工负责人郭某龙在开工前未有效管控现场施工人员，未对参加停电防护工作的人员进行安全交底，未及时指出停电防护工作中存在的安全风险和控制措施。

3）姚江供电所停电防护工作负责人陈某兴未严格执行工作票制度，未严格按工作票要求执行相关安全措施；在未告知施工负责人的情况下，安排罗某成进行断线作业，并在罗某成登杆作业时，接受用户询问，未履行监护职责。

4）诸暨市姚江供电所内部管理不严，对作业人员安全教育不够，对规章制度执行不力，作业现场安全管理不到位。

3. 事故启示

配电等作业一般在电力行业居多，根据国家能源局发布的2019电力行业年度事故分析报告，2019年共发生15起触电事故，造成15人死亡，分别占事故总数39%和事故死亡总人数35%。本案例中，由于作业人员未做好有效的安全防护措施便进行作业，进而导致发生触电事故。电力行业应制定非常严格的安全要求以及安全管理制度，避免事故。

4. 配电现场作业触电伤害事故的预防措施

（1）电气作业人员严格遵守安全操作规程，根据电力设备所处环境和电力生产实际，有针对性地制定安全措施。包括设置安全遮栏、装设安全围栏、设置安全警示标志等，使人体不能接触和接近带电导体。

（2）无论高压设备是否带电，作业人员不得移开或越过遮栏（或围栏）；确因工作需要移开遮栏（或围栏）时，必须有监护人在场监护，并满足设备不停电时的安全距离要求。

（3）高压设备的中性点接地系统的中性点视为带电体，不得触摸。

（4）正确使用安全防护用具。高压验电应戴绝缘手套，绝缘杆长度应满足电压等级规定要求，手握位置不得超过允许范围

（对于伸缩式绝缘杆，不得超过手柄护环），人体与验电设备保持安全距离。雨雪天气不在室外进行直接验电，确需验电时必须使用防雨绝缘杆。

（5）单人操作时不得进行登高或登杆操作。严禁变电运行人员不认真执行操作监护制度，致使误入带电间隔；在电气设备停电后（包括事故停电），在未拉开有关隔离开关和做好安全措施前，不得触及设备或进入遮栏，以防突然来电。

（6）高压开关柜内手车开关拉出后，开关柜的隔离挡板必须可靠封住，禁止开启进行任何冒险性作业（如：核相、测量等），并设置"止步，高压危险！"标识牌。

（7）在未办理完工作许可手续前，任何车辆及工作班成员不得进入安全遮栏（或围栏）内和触及设备。办理完工作许可手续后，工作负责人（监护人）在安全位置向每位工作班成员进行安全工作交底并详细交代安全要求及注意事项等，若有迟到人员，应对其做单独交代，保证所有工作班成员都清楚工作任务、工作地点、工作时间、停电范围、邻近带电部位、现场安全措施、危险点、注意事项等。

作业过程中，监护人必须始终在现场认真履行监护职责。根据作业点和作业面情况，增设专责监护人和确定被监护人。按照到岗到位标准，各级管理人员到现场实施安全监督、安全管理工作。包括工作班成员在内的所有作业现场人员，都应及时制止违章行为。

（8）设备构架设置防误登封挡及"禁止攀登，高压危险！"标识牌。检修人员攀登设备架构前，首先应认真核对设备名称、编号，明确走向和作业位置，检查现场安全措施无误后方可开始攀登，攀登过程中须与邻近带电设备保持足够的安全距离。当现场布置的安全措施妨碍工作时，应征得工作许可人同意后方可变动安全设施，变动后的安全措施必须保证作业安全，并将变动情况及时记入值班记录中。工作中应加强安全监护。

（9）严禁检修（试验）人员不执行工作票制度擅自扩大作业范围进行工作。完成工作票所列任务撤离现场后，若又发现有需要处理的问题，必须向工作负责人汇报，在工作负责人带领下进行处理，禁止擅自处理。若已办理工作终结手续，则必须重新办理工作许可手续后方可进行。工作间断复工前，必须认真核对运行方式和安全措施是否改变，尤其对于有部分设备先送电的情形。当运行方式发生改变或安全措施变动后，仍有检修试验作业需要进行时，工作许可人必须重新向工作组交代。变动后的安全措施必须满足作业安全要求。

（10）电气设备及线路作业前必须验电和接地，装拆接地线要保证顺序正确，接地端须先装后拆。人体不得碰触接地线或未装接地线的导线，检修人员带地线拆设备接头时必须采取防止地线脱落的可靠措施，以防感应电伤人。有平行线路或邻近带电设备导致检修设备可能产生感应电时，应加装接地线或使用个人保安接地线。

（11）在变电站、配电站、开关站的带电区域或邻近带电线路处，禁止使用金属梯。搬动梯子等长物时应放倒，由两人搬运，并与带电部位保持足够的安全距离。

使用绝缘绳传递大件金属物时，杆塔或地面作业人员应将金属物接地后再接触，以防雷击。

严禁在带电设备周围使用钢卷尺、皮卷尺和线尺（夹有金属丝）进行测量工作，防止工作人员触电。

（12）在电气设备上进行高压试验，应在试验现场装设遮栏，向外悬挂"止步，高压危险!"标识牌并设人看守，非试验人员不得靠近。防护范围应包括所有加压设备，安全距离应符合安全规程要求，必须将高压试验拆开的设备引线绑牢，防止引线摇晃触及邻近带电设备和被试验设备而造成触电事故。试验结束后应及时断开试验电源，将试验设备和被试设备正确充分放电。

（13）室内母线分段部分、交叉部分以及部分停电检修容易误碰有电设备的，应设置明显的永久隔离防护挡板或隔离防护网。清扫高压配电室母线、低压交流电源屏时，应先将备用电源（含多回路电源）、联络电源等对侧带电的或可能来电的电源间隔停电。所有断开的开关操作处设置"禁止合闸，有人工作!"标识牌。有电的开关柜门须有防误闭锁，防误闭锁钥匙必须由运行维护人员严管，检修人员一律不得擅自开锁。

（14）配电变压器台架或低压回路进行检修工作，必须先断开低压侧开关，后拉开高压侧隔离开关或跌落式熔断器，然后在停电的高、低压引线上验电和接地，所有断开的开关操作处设置"禁止合闸，有人工作!"标识牌。操作跌落式熔断器和隔离开关时，必须使用合格的绝缘杆并戴绝缘手套，严禁徒手直接摘挂熔丝管。

（15）线路检修、施工人员应严格执行安全规程中关于同杆塔架设多回线路、平行线路、交叉线路防误登有电线路的有关措施。

特别注意同杆架设的 10 千伏及以下线路带电情况下，另一回线路登杆停电检修和曾发生变动的改造线路有带电部分的情况。线路改造后，必须认真检查旧线路、分支是否确已拆离，不应存在新旧线路混接以及与其他线路、用户电源线路混接构成的隐患。具有双电源的用户必须装设双投开关、双投刀闸或采用其他可靠的防反送电技术手段（如低压反向开关设备），防止用户乱接线、使用小型自备发电机向配电变压器低压侧及低压配电线反送电。

（16）线路事故巡视时，应始终视为线路带电，严禁登杆塔作业，防止已停电线路随时恢复送电。雷雨时不准进行线路巡视工作，线路发生接地故障、雨后线路巡视应 2 人一同巡视，巡线人员应穿绝缘靴。

（17）在带电设备附近测量绝缘电阻时，应适当选择测量人员和测量工具的位置，保持安全距离，移动测试线时应格外注意，以免测试线支持物触碰带电部位。

（18）处理多条同路敷设的电缆线路故障时，在锯电缆前应确定电缆敷设走向与图纸相符，并使用专用仪器确认电缆无电后，用接地的带绝缘柄的铁钎钉入电缆芯后方可工作。扶绝缘柄的人员应佩戴绝缘手套，站在绝缘垫上，并采取防灼伤措施。

（19）配电设备接地电阻不合格时，须穿绝缘鞋戴绝缘手套方可接触箱体。

（20）生产现场各种用电设备和电动工具、机械，特别是砂轮机、电钻、电风扇等，其电动机或金属外壳、金属底座必须可靠接地或接零。

（21）在容易触电的场合使用安全电压，低压电气设备应进行安全接地。在低压回路配置剩余电流动作保护装置，检修试验电源板应安装漏电保护器，并定期检查试验，确保动作正确。现场使用的电源线应按规定规范连接，绝缘导线不能有破损，电源刀闸盖要齐全。插座与插头应配套，保证完好无损，严禁将导线直接插入插座取电。

（22）高、低压配电室等场所在雷雨天气有引发火灾、爆炸事故的危险，应配置完善的防雷设施。

7.4　电焊作业触电伤害事故

1. 事故简述

2017 年 9 月 14 日 10 时 30 分许，青岛某起重机械有限公司（以下简称起重机械公司）工人在黄岛区青岛某金属材料有限公司（以下简称金属材料公司）厂房内安装液压升降平台时发生触电，造成 1 人死亡，直接经济损失 82 万元。

事故经过：2017 年 9 月 13 日上午，起重机械公司负责人杨某岭安排杨某源、杨某建、乔某涛三人开车载着导轨式液压升降平台零部件、冲击钻、两台电焊机、空气开关、漏电保护开关、角磨机、临时电缆、扳手、焊条等工具从即墨出发，到金属材料公司安装液压升降平台。金属材料公司已提前清理了工作区域，并告诉工人干活时注意安全，防止高处坠落和触电事故。到黄岛后，杨某岭电话询问该公司负责人于某伟从哪里接电，于某伟告诉他等一等，他会安排电工接线，但杨某岭表示等不及，他们自己接线。10 点多，三人开始卸货，然后去吃了午饭。吃完饭后回来继续干活,当天工作到 18 点左右,完成了大部分的工作。

9 月 14 日上午,杨某源、杨某建站在脚手架上继续干活。当时,杨某源在用磨光机磨焊缝,杨某建在用锤子敲焊管。10 时 30 分许,杨某建突然大喊"有电",并从脚手架上跳下,杨某源则躺倒在脚手架上。

2. 事故原因

经事故调查组调查分析,发生该起事故的原因如下:

(1)直接原因

起重机械公司使用未取得特种作业操作证人员进行焊接作业是导致事故发生的直接原因。

(2)间接原因

起重机械公司未建立电焊机设备操作规程,未对职工进行安全培训,未对电焊机进行安全检查就投入使用是导致事故发生的间接原因。

3. 事故启示

电焊焊接作业应用广泛。进行电焊作业的工人与有害气体、金属蒸气、粉尘、弧光辐射、高频电磁场、噪声和射线等接触,对自身和他人的健康和安全有极大危害,如果在设备或操作上存在问题,就可能引起灼伤、火灾、爆炸、触电、中毒等事故,本案例电焊作业就造成了触电事故。电焊操作者接触电的机会多,如更换焊条、手持焊钳、调节电流、接触工件(尤其在管道、容器内作业)与焊接电缆等,若电气发生故障或工人违反操作规程有可能会造成触电事故。

值得注意的是，我国规定焊接操作为特种作业，焊接操作人员必须经安全技术培训并考试合格取得操作证后，才可独立操作。本案例作业人员并非专业特种作业人员，因过失造成死亡悲剧，值得大家引以为戒。

4. 电焊作业触电伤害事故的预防措施

电焊作业属于特种作业，对作业人员的作业资格应有严格的培训及考核取证制度。虽然在取证换证时经培训掌握了一定的技能，但仍有不少焊工在电焊作业中安全意识淡薄，存在违反安全操作规程的不安全行为。由于多数焊工电气专业技术知识及安全用电常识有限，因此电焊作业现场事故隐患较多，如电焊机外壳不接地或接地不可靠、接线柱裸露不按规定做绝缘处理、焊把引线接头导体裸露不按规定做绝缘处理、焊把引线浸泡在水里等。

由此可见，消除电焊作业现场的事故隐患是每个焊工应掌握的工作技能。焊工作业期间不仅要保证自身的人身安全，还要保证他人的人身安全，在电焊作业时必须做好防范措施。

（1）使用合格的电焊工具

作业前应对电焊工具进行认真检查，检查项目如下：

1）电焊机绝缘性能是否良好。

2）电源线及电焊机引出线绝缘层有无破损老化、导线裸露的情况。

3）电焊机一、二次侧接线柱有无松动、严重烧伤的情况。

4）电焊钳及电焊绝缘手套有无破损漏电的可能，不合格者禁止使用。

（2）接线的程序

1）选一根绝缘良好的引出线与焊把引线（电焊钳引线）可靠连接，接头要拧紧，使其接触良好，防止过热，并用绝缘胶布将接头裸露导体包扎数层使其绝缘良好。

2）将引出线敷设至电焊机处并接于焊机二次侧接线柱上，应压紧螺丝使其牢固接触良好，禁止使用缠绕法连接。敷设引出线时避免焊把特别是接头从有水的地方经过，必要时应架空。焊把线经过金属杆或附体时，应用绝缘性能良好的细绳将其悬挂。

3）将电焊机金属外壳可靠接地。用一根导线一端接至接地网，另一端连接在焊机外壳标有接地标记的螺丝上并拧紧，使其可靠接地，防止外壳带电造成触电事故。

（3）防触电措施

1）外壳不接地的情况：在电焊机绝缘损坏时焊机外壳将带有电压，如果这时有人触及焊机外壳，人体与大地及电源中性点工作接地线（三相四线制系统中性点一般都接地）构成回路，电流将通过人体造成触电事故。

2）外壳接地的情况：电焊机绝缘损坏，焊机外壳带电时，焊机外壳经外壳接地线直接与大地接通构成短路回路，这个短路电流将使电源的保护装置（自动开关、熔断器、熔丝）启动，使电焊机的电源断开。电源未切断之前，即使有人接触焊机外壳，由于外壳接地线的电阻几乎为零，几乎没有电流通过人体，也可起到保护人身安全的作用。

3）将电源线接至电焊机一侧接线柱，压紧螺丝使其牢固接触良好，禁止使用缠绕法联接。

4）将电源线、焊把引线的接头及绝缘老化破损处用绝缘胶布包扎，禁止使用绝缘严重老化的导线，裸露的接线柱应加护罩，防止误碰发生触电事故。

5）检查带熔丝的电源闸刀或带熔断器的断路器是否在断开位置，将电源线接至电源开关熔丝或熔断器下侧，严禁带电接线。

6）再次对所接电源线、引出线、外壳接地线进行仔细检查，确认无误后合上电源开关，合开关时应戴绝缘手套且另一只手不得触摸焊机。

（4）进入金属容器、井下、地沟等处作业时，严禁将电焊机和照明用的行灯变压器带入，防止一次电压引发触电事故。

（5）作业期间特别是更换焊条时必须按规定戴好电焊绝缘手套。

（6）在潮湿环境作业应穿绝缘鞋或站在干燥的木板上。工作服、工作鞋、绝缘手套要保持干燥，才能保证绝缘性能不会降低。

（7）拆除电源线、消除电焊机故障、移动电焊机及焊工离开现场时切记将电源开关断开。

（8）焊接作业现场照明不足时应使用行灯，禁止使用220伏照明灯，在潮湿环境或金属容器内使用的行灯电压不得超过12伏。

（9）雨雪天必须在室外露天进行电焊作业时，一定要对设备采取防雨雪措施，防止雨水淋湿焊机、导线及焊把，造成漏电伤人事故。

（10）焊接密封容器应打开孔洞和设立绝缘保护，禁止焊接带压（压力和电压）设备和容器，禁止焊接悬挂在起重机上的工件和设备。

淹溺伤害工伤事故典型案例

8.1　施工现场淹溺伤害事故

1. 事故简述

2016 年 4 月 24 日 8 时左右，南通某建设集团有限公司（以下简称建设集团）在南通精英汇大厦项目施工中发生一起淹溺事故，造成 1 人死亡，直接经济损失 99 万元。

事故经过：2016 年 4 月 24 日 6 时左右，建设集团公司南通精英汇大厦项目部木工班带班陈某泉安排宣某斌与他一起在负二层进行前一天的工作扫尾，其他人在负一层工作。陈某泉和宣某斌完成了负二层的工作后，一起到负一层工作。8 时许，陈某泉发现宣某斌不见了。经寻找，在 C 栋楼地下负二层 6 号楼梯口一侧集水坑中发现了宣某斌，陈某泉和工友赶紧将宣某斌捞至地面，此时宣某斌已经没有生命体征。

2. 事故原因

经事故调查组调查分析，发生该起事故的原因如下：

（1）直接原因

集水坑周边安全防护设施没有达到规范要求，作业人员安全意识淡薄，不慎跌入集水坑是导致该起事故的直接原因。

（2）间接原因

1）施工单位安全管理不到位，备案项目技术负责人长期未到岗履职，施工组织不严密，对集水坑周边安全防护设施检查管理不到位；对作业人员安全教育和培训不到位，安全检查和隐患排查治理不到位。

2）监理单位未对工程进行有效监理，对施工单位备案项目技术负责人长期未到岗履职情况监理不到位，未及时发现和督促施工单位消除作业现场存在的事故隐患。

3）作业人员对施工现场存在的危险因素认识不足，自我保护能力不强。

3. 事故启示

淹溺又称溺水，是人淹没于水或其他液体介质中并受到伤害的状况。当人溺水时，水会充满呼吸道和肺泡引起缺氧窒息，还会被吸收到血液循环中引起血液渗透压改变、电解质紊乱和组织损害。

一般来说，造成淹溺事故有以下原因：

（1）站位不当，工作时不慎掉入水池中，造成淹溺。

（2）进入有淹溺危险的空间作业过程中，因工作信息联系不当，导致淹溺。

（3）作业现场存在安全隐患，缺乏防护或防护设施不达标，人员掉入水池或有水空间内造成淹溺事故。

在本案例中，位于 C 栋楼地下负二层的 6 号楼梯一侧的 3# 消防集水坑长 2.4 米、宽 1.6 米、深 2.8 米，周边的防护栏杆不完整、光线较暗，未设置警告标志。相关标准规范如《建筑施工高处作业安全技术规范》（JGJ 80—2016）第 4.1.1 条规定："坠落高度基准面 2 米及以上进行临边作业时，应在临空一侧设置防护栏杆，并应采用密目式安全立网或工具式栏板封闭。"第 4.3.2 条规定："防护栏杆立杆底端应固定牢固，当在混凝土楼面、地面、屋面或墙面固定时，应将预埋件与立杆连接牢固。"第 4.3.4 条规定："防护栏杆的立杆和横杆的设置、固定及连接，应确保防护栏杆在上下横杆和立杆任何部位处，均能承受任何方向 1 千牛的外力作用。"第 4.3.5 条规定："防护栏杆应张挂密目式安全立网或其他材料封闭。"《安全标志及其使用导则》（GB 2894—2008）规定，在具有坑洞易造成伤害的作业地点，应设置提醒人们对周围环境引起注意，以避免可能发生危险的图形警告标志。上述这些标准规范规定的内容，该涉事企业都未能够按照要求做到，体现了该企业安全管理能力和安全意识的薄弱。

4. 施工现场淹溺伤害事故的预防措施

（1）所有作业人员进入现场必须戴好安全帽等安全防护用品。

桥梁水上作业人员必须经过体检，确认有无高血压、冠心病等疾病后方可施工，严禁酒后作业。

（2）现场设专职人员巡视监督，所有作业人员必须服从现场安全人员的管理，施工现场设高空作业和预防落水安全警示牌。

（3）作业时禁止上下投掷材料或工具，以防重心失稳跌倒坠落入水池中。

（4）作业人员作业时必须穿好救生衣、防滑鞋。

（5）水上作业平台周边应设置安全围栏，并涂刷警示色和张挂警示标牌。

（6）遇到6级以上大风或暴雨、台风等恶劣天气时，应及时停止施工，并做好防台风加固等防护措施。

（7）夜间进行作业时，必须有足够的照明设备。

（8）施工中发现安全技术措施有缺陷和隐患时，必须及时解决，危及人身安全的，必须停止作业。

8.2　临水作业淹溺伤害事故

1. 事故简述

2016年8月31日12时左右，泰州市某船舶服务有限公司（以下简称船舶服务公司）在船舶上排作业过程中，发生一起淹溺事故，造成2人死亡，直接经济损失222万元。

事故经过：2016年8月25日，港口船舶副总经理朱某宏电话联系船舶服务公司李某忠，将承接维修保养的"宝旺66号"船舶委托船舶服务公司从江边码头拖上岸（上排作业），口头商定劳务费为人民币 3.6 万元。

8 月 30 日，"宝旺 66 号"入港停靠于港口船舶码头。

8 月 31 日 6 点左右，船舶服务公司李某、李某忠及其雇用的王某金、李某桂等 7 名作业人员到达港口船舶码头，进行上排作业准备工作。10 时 30 分左右开始上排作业，船舶服务公司作业人员在未采取穿救生衣、系安全绳等防护措施的情况下，站在齐腰深的江水中在"宝旺 66 号"船底铺设第 1 个气囊，气囊充气后，未能将船舶顶起。11 时左右，作业人员开始铺设第 2 个气囊，12 时左右，王某金在调整气囊方向时被江浪打入船底，李某将王某金从船底拽出，因 2 人未站稳，再次被江浪打入船底。2 人被救出后经抢救无效死亡。

2. 事故原因

经事故调查组调查分析，发生该起事故的原因如下：

（1）直接原因

作业人员在未采取防护措施的情况下，进行船舶上排作业，被江浪打入船底。

（2）间接原因

1）船舶服务公司法人代表李某作为劳务承包方现场负责人，未组织编制船舶上排作业方案；上排作业前，未对作业人员进行针对性安全教育和培训；上排作业中，未督促作业人员采取相应的安全防护措施。

2）港口船舶作为劳务发包方，在进行上排作业前，未检查船舶服务公司上排作业方案的制定及安全防护措施落实情况；未及时制止该公司作业人员无防护措施进行上排作业行为。

3. 事故启示

淹溺事故易发生在港口码头的临水作业或下水作业中。作业人员需要做好自身防护，作业前需要穿戴好救生衣等防护装备，不可抱有侥幸心理，同时除作业人员外还需要监管人员来监管，确保事故发生时应急工作能到位。本案例中船舶下水作业应遵循《船舶下水作业安全规程》（CB 4295—2013）。

船舶制（修）造行业应从这起事故中吸取深刻的教训，加强对外包施工单位的安全管理，严格审查施工单位作业方案，尤其是船舶上排下水作业方案，组织外来作业人员进行安全教育和培训，落实专职安全管理人员对作业现场的全程管理，避免此类事故再次发生。

4. 临水作业淹溺伤害事故的预防措施

（1）临水作业淹溺事故伤害主要原因

1）码头临水作业，防护措施不当或作业人员疏忽，都可能造成人员落水淹溺事故。特别是在恶劣天气条件下（如强风、雨雪、浓雾、高温以及夜间作业等）、视线被阻和发生恶劣事故时（起重机械失控等），落水淹溺事故可能性增加。

2）在发生船舶碰撞事故时可能伴随着船上和码头作业人员淹溺事故的发生。

3）装卸作业人员、码头指挥人员等在码头边沿作业或行走时，或在装卸机械上作业、检修时容易意外落水而造成淹溺。

4）装卸作业人员在船上作业时，可能由于船舶摇晃而落水，在码头前沿作业时，可能由于站立于吊机下而被货物、机械碰撞落水；码头水手在协助船舶靠泊时，可能由于缆绳拖带等原因落水。其他操作人员在上下船时，可能会失足落水。

5）作业人员不走船岸安全通道或船岸通道未按标准要求设置防护网，同时作业人员未穿救生衣落水，可能导致淹溺。

6）装卸货中有散货，在装卸过程中散落的煤炭、粮食和矿粉未及时清扫，使人员失足滑倒落水淹溺。

（2）临水作业淹溺事故的预防措施

1）加强码头临水作业的安全防护措施的管理、维护、检修、更新等，做好警示标志工作，避免因作业人员视线受阻或防护设施破坏而发生淹溺事故。

2）严格按照机械安全规程操作，避免机械操作失误导致人员淹溺事故。

3）做好作业人员个人防护，做好防滑措施。

8.3　矿井透水淹溺伤害事故

1. 事故简述

2015 年 5 月 12 日 13 时 30 分左右，位于十堰市郧西县的某金矿有限公司（以下简称金矿公司）发生一起较大透水事故，造成 3 人死亡、3 人受伤，直接经济损失 434.66 万元。

事故经过：5 月 12 日 8 时，工程承包企业某矿业公司钻眼工吴某明、宋某交、朱某府 3 人入井，经主平硐到达 +890 米掘进工作面，接好风管开始钻眼。钻眼过程中，朱某府开三轮车出井到民爆物品临时仓库领取炸药，12 时 20 分左右，某爆破公司勖西分公司爆破员吴某靖、冯某飞（带着雷管）步行，爆破员张某押运炸药随朱某府的三轮车入井到达工作面。钻眼工作结束后，吴某明等人协助爆破员进行装药、连线并退至 +866 米主巷放炮点准备放炮，此时吴某靖、冯某飞 2 人先行出井。12 时 50 分左右，张某实施放炮作业，随即出井。吴某明等人在放炮点等待约 30 分钟后，朱某府和宋某交朝井口方向行进至局部通风机处准备启动风机吹散炮烟。风机尚未启动，吴某明突然发现有一股很大的水流从上面涌过来，瞬间涨到自己的颈部，他立即抓住巷道边帮上的电缆线固定木桩，仰着头躲避水流。七八分钟后水流消退，吴某明开始在附近寻找工友，并发现朱某府在巷道边的一个岔道里，且已受伤，便背着朱某府走向主平硐。约 15 时，吴某明将朱某府背出井口。宋某交因被水流推送至 +866 米平巷前面，经自救脱离险境，且在吴某明 2 人之前出了井口。

水流沿 +866 米主巷向下倾泻，在 41# 测量点冲垮 2 处密闭墙，灌入 +865 米采空区，从该采空区 1 处废弃的巷道窜入 +845 米水平以下区域，快速淹没了 +845 米水平以下所有巷道。

水流流向井底 +835 米水仓掘进工作面时，运输工阮某胜正驾驶三轮车行至 +848 米水平，涌出的水流瞬间将三轮车淹没，阮某胜抓住巷道边帮上的电缆线，慢慢趟水走出淹水区并出井。在水仓掘进工作面等待装渣的罗某江、成某俭、杨某 3 人被水流封住出口，无法脱险，遭淹溺身亡。

2. 事故原因

经事故调查组调查分析，发生该起事故的原因如下：

（1）直接原因

金矿公司在 881 平硐长期存在越界开采，该平硐的 +890 米探矿巷道掘进工作面上部存在老窿积水，该巷道越界掘进至 Au Ⅲ 矿体老窿水下部，工作面与老窿水体间的岩层厚度为 0.95 米左右，作业人员在水体下冒险顶水作业后，受自重和爆破震动影响，岩层抗压强度不足以抵抗老窿水体的压力，导致岩层被压穿，发生透水事故。透水后，水流沿 +866 米主巷道向下倾泻，在该巷道 41# 测量点冲垮 2 处密闭墙，灌入 +865 米采空区，经该采空区废弃的巷道窜入 +845 米水平以下区域，并淹没了 +845 米水平以下所有巷道，将正在 +835 米水仓清渣的工人淹没，造成人员伤亡。

（2）间接原因

1）金矿公司安全管理混乱，存在大量违法违规行为。

①矿山防治水工作不到位。企业防治水组织机构和工作制度形同虚设，无防治水综合措施，没有专用探放水设备，没有调查核实矿区范围内的详细情况。工作面掘进出现顶板淋水加大现象，却没有作为透水预兆处理，而是继续安排爆破施工。

②技术管理不到位。金矿公司和矿业公司均未明确技术总负责人、设置生产技术管理机构和人员；图纸作假、图实不符；施工不进行技术交底，工作盲目冒险作业；开采方式不规范，矿山 2005 年开采设计范围外的所有延伸工程项目和 4 个独立生产系统都未进行安全设施设计，不符合建设项目"三同时"要求；探矿

掘进巷道和水仓施工无专项设计、无操作作业规程、无专项应急预案。

③安全投入不到位。+845 米水平以下作业区域无第二安全出口，独眼作业。井下存在国家明令禁止使用的非阻燃风筒和非矿用局部通风机，未按照规定建设完善井下安全避险"六大系统"（监测监控系统、人员定位系统、供水施救系统、压风自救系统、通信联络系统、紧急避险系统）。

④安全管理不到位。安全责任体系不健全，矿长长期不在岗位，委派人员无非煤矿山安全资格证，实际控制人无任职文件、无相应资格证书；发包单位以包代管，承包单位对项目部不进行实际管理；矿领导带班下井制度不落实；爆破作业不规范；安全教育和培训不到位，职工安全意识淡薄，对透水预测识别能力差，对水害防治认识不足。

⑤长期违法越界开采。金矿公司超设计范围开采，将延伸开拓巷道布置在矿区范围之外，并将巷道故意指向矿界外的金矿体，最终导致巷道与老窿水之间的岩层被压穿发生透水事故。同时，该矿还在安全隐患尚未整改到位的情况下，向当地政府有关部门申报虚假整改材料，擅自组织巷道探矿和水仓施工等生产活动。

2）矿业公司对郧西项目部安全管理缺失。矿业公司对金矿公司采掘工程实行总承包，其项目部负责人不认真履行职责，无技术人员，安全生产教育和培训不到位，职工对透水预兆不能正确辨识和处置，冒险作业；现场安全管理负责人、安全员在发现掘进工作面淋水增大后，未采取探放水措施；矿领导带班下井制度不落实；安全生产许可证过期后，未及时向发包单位和郧西县安全监管局报告，仍然组织生产。

3）爆破公司爆破作业不规范。该公司违反《民用爆炸物品安全管理条例》的规定，为非法违法开采活动提供爆破服务；没有按照《爆破安全规程》（GB 6722—2014）等规定和《爆破作业委托服务合同》约定，做好安全防范工作；爆破人员违反爆破作业规程，起爆后未进行"是否存在盲炮和其他安全隐患"的检查，放弃了预防事故的把关环节，致使透水事故隐患发展为较大事故。

3. 事故启示

透水是指在掘进或采矿过程中，当巷道揭穿导水断裂带、富水溶洞、积水老窿时，大量地下水突然涌入矿山井巷的现象。矿井透水一般来势凶猛，常会在短时间内淹没坑道，给矿山生产带来危害，造成人员伤亡。富水的岩溶水充水的矿区及顶底板有较厚高压含水层分布的矿区，或地质构造破碎的地段，常易发生矿井透水。透水发生原因有很多种，主要是矿区地质条件不明，企业未查清含水层或老窑、老窿的位置以及作业人员经验不足，不能及时发现透水预兆。

采矿过程中，一方面揭露破坏了含水层、隔水层和导水断层，另一方面引起围岩岩层移动和地表塌陷，从而产生地下水或地表水向井筒或巷道涌水的现象，称为矿井涌水。当矿井涌水量超过矿井正常的排水能力时，就将发生水灾。因此，形成矿井水灾的基本条件是有充分水源和充水通道。

本案例涉事企业安全管理缺失，日常运作过程中就已经显露出许多事故隐患和风险。矿山企业应当认真做好安全管理工作，不忽视任何事故隐患，保持合理的安全投入，充分认识矿山作业过程中存在的各种危险性，做好作业人员的安全教育培训，为作业人员配备合格的劳动防护用品等，做到安全作业标准化。

4. 透水淹溺伤害事故的预防措施

为防止透水事故造成淹溺伤害，必须坚持"有疑必探、先探后掘"的探放水原则。煤矿井下的地质水文条件是复杂的，在无法确保疑问地区没有水害威胁的情况下，只有坚持"有疑必探、先探后掘"的原则，才能确保安全生产。探放水设计应包括探水地区的水文地质情况、探水巷道布置、施工先后次序、探水孔的布置、对探孔的要求，以及安排必要的排水设施并采取防止瓦斯和其他有害气体危害等安全措施。

（1）在井下生产过程中，遇到下列任何一种情况时，都必须探水前进。

1）接近被淹井巷或小煤窑、老空区。

2）接近溶洞、含水断层、含水层（流砂层、冲积层、各种承压含水层）或接近积水区。

3）上层有积水，在下层进行采掘活动，而两层之间的隔水层厚度小于安全厚度。

4）在探水地区内掘进，一次掘进长度达到了允许掘进长度的最大值时再向前掘进，需要再次先探水再掘进，即边探边掘。

5）采掘工作面发现出水征兆。

6）突然发现断层，并对另一边水文地质情况不清楚。

7）需要打开隔离煤柱放水。

8）接近有出水可能的钻孔。

9）采掘工作面接近各类防水煤柱线，为确保煤柱尺寸，要提前探明情况。

10）在强含水层之上的工作面进行带压开采，对强含水层的水压、水量、裂隙等情况不清楚，对隔水层厚度变化情况没有把握，则应对含水层进行打钻，系统了解含水层和隔水层情况。

（2）探水作业的好坏，不仅直接关系探水人员的安全，而且影响探放水周围地区甚至整个矿井的安全。所以探水作业过程中要特别注意以下各类事项。

1）探水工作面要加强支护，防止高压水冲垮煤壁和巷道支架。

2）事先检查并维护好排水设备，清挖水沟和水仓，以便在出水时，水仓可起到缓冲作用。

3）在探水工作面附近要设专用电话，遇有水情可以及时报告矿井调度室。

4）探水工作面要经常检查瓦斯，发现瓦斯浓度超过 1% 时，必须停电撤人并加强通风。

5）在水压较大的地点探水时，应预先开掘安全躲避硐，并规定好联络信号及人员的避灾路线。

6）对水压大的探水眼要安套管、装水阀，便于调节放水量。在危险地区探水，应采用防压、防喷装置钻进，防止钻杆被高压水冲出。

7）在进行探水打钻出现钻孔中水压水量突然增大，以及顶钻等异常情况时，禁止移动和拔出钻杆，而应立即固定钻杆。还应时刻监视水情，并及时报告矿井调度室，不得擅自放水。情况危急时，要立即撤出受水害威胁地区的所有人员，然后采取措施进行处理。

8）探水钻机后面和前面给进手把活动范围内不得站人，以防止高压水将钻杆顶出伤人，或者手把翻转伤人。

（3）在接近积水地区，掘进时只依靠探水钻孔一个方面来保证安全还不够，还必须采取以下各类防水措施。

1）探水巷道的断面不宜过大，以缩小受压面积。同时应有两个安全出口，用于通风、流水和意外情况下人员撤退，必要时还应开掘安全躲避硐室。

2）掘进工作面遇到透水征兆时，必须停止掘进，并立即加固支架，同时将人员撤到安全地点，再向矿井调度室汇报。

3）在确保探水超前距的前提下，掘进时应采取多打眼、少装药、放小炮的方法，以减少围岩震裂破坏。探水地区平巷不能有低洼处，防止积水。

4）严格执行"三不装炮"制度：

①炮眼或掘进头有出水征兆时不装炮。

②探水超前距不够或偏离探水方向时不装炮。

③掘进支架不牢固或空顶超出规定时不装炮。

5）掘进打眼洞钻杆向外流水时，应停止工作，禁止将其拔出，同时严禁晃动钻杆，应先设法固定住钻杆，再向矿井调度室汇报，听候处理。

6）在受水灾威胁地区施工的所有人员，都必须熟悉避灾路线，懂得突水后的急救知识。

7）探水巷道必须严格按探水孔中心线掘进。因地质变化需偏离时，应进行补充钻探，避免因超前距、帮距和探水距缩小而透水。

8）老空区放水后，允许修复掘进时，还必须充分注意：在距老空区 3~5 m 处，应先用煤电钻打 2~3 个检查孔进行再一次检查，只有证实积水确已放净后，才可与老空区掘透。但要注意先用小断面放水孔上方与老空区钻透，由通风救护人员监测瓦斯、硫化氢等有毒气体，等有毒气体降到允许值以下时，才可全断面扩大，直至达到质量标准。

（4）针对位于煤层的顶板或底板中威胁开采的较弱含水层，应采用钻孔的方法使其疏干或降压，对以静储量为主的强含水层，也可以采用疏放水降压。疏放水应有专门的设计，安全措施有下列几点：

1）放水时要派专人看守，随时向矿井调度室汇报水流的变化。

2）要填写专门记录，认真进行交接班。

3）放水区附近的交通要道应安装专用信号。

4）遇紧急情况，应马上发出警报，并撤出所有在受水灾威胁地区的人员。

（5）矿井水文地质条件复杂、水量大、水压高。但企业只要认真做好防范工作，就可以实现安全生产。反之，即使水文地质条件简单，企业缺乏对水灾威胁的警惕性、思想麻痹，那么即使很小的水量也可以造成恶性事故。因此，必须做好以下各项水灾预防措施，防患于未然。

1）加强矿井水文地质观测工作，收集整理好资料并绘图。探测清楚矿区范围内小煤窑和报废煤窑的开采积水情况，绘制成图，并预先采取周密的防治措施。

2）对井田内与江、河、湖、海、溶洞、含水层有水力联系的断层、陷落柱、冲积层、含水钻孔等，在设计采区时，必须按规定设计足够数量的防水煤柱。对井田之间的隔离煤柱也要数量充足，不能随意采动。

3）有水患危险的矿井，必须建设防水闸门和防水闸墙。

4）要有足够的安全隔水层。在顶板或底板有强承压含水层时，应预留出足够厚度的隔水层，如不能满足，就应该防水降压。

高处坠落工伤事故典型案例

9.1 临边作业高处坠落伤害事故

1. 事故简述

2020年3月17日，广州市海珠区新港东路某建设运营管理中心项目发生一起高处坠落事故，造成1人死亡。

事故经过：2020年3月17日上午，广东某建设工程有限公司木工班班长胡某来安排木工李某贤、周某福和李某华，搭设建设运营管理中心项目T3栋东北侧二层至三层（以下简称二层半）楼梯休息平台模板。9时30分许，周某福和李某华到相邻的楼梯一层进行支模架设，李某贤独自在二层半楼梯休息平台搭设平台边梁侧模板。10时许，周某福和李某华听到撞击声响，查看周边后发现李某贤趴在一层阶梯，头部位于自下而上第四级阶梯且有血迹，安全帽摔落在一旁。二人立即呼救并由李某华拨打了120急救电话和项目管理人员电话。接报后，建设运营管理中心项目部管理人员立即赶到事发现场组织救援，救护车约30分钟后到达项目工地，医护人员对李某贤进行紧急处置并将其送至南方医科大学中西医结合医院继续抢救。当天12时13分，李某贤经抢救无效死亡，死因为高处坠落。

2. 事故原因

经事故调查组调查分析，发生该起事故的原因如下：

（1）直接原因

作业人员违反《建筑施工高处作业安全技术规范》（JGJ 80—2016）、《头部防护 安全帽选用规范》（GB/T 30041—2013）等安全管理规定作业。李某贤安全意识淡薄，在高处临边作业时，未使用高处作业劳动防护用品（安全带），未按要求扣紧安全帽下颏带，使得其不慎坠落后未得到有效保护。

（2）间接原因

1）事故隐患排查治理不到位，相关单位未能采取技术、管理措施，未及时发现并消除施工现场临边未设置防护栏杆、高处作业人员未按规定正确佩戴和使用高处作业劳动防护用品等事故隐患。

2）专职安全员未实际到岗履职。事发时劳务分包单位广东某建设工程有限公司施工人员在300人以上，根据规定应配备3名专职安全员，但事发当天实际配备的3名专职安全员却未到岗履职，导致现场安全管理缺失。

3）安全教育和技术交底流于形式，相关单位以作业人员自行在《新工人入场安全教育登记表》《模板工程安全技术交底》等资料上签名去代替安全培训教育和安全技术交底，未保证作业人员具备必要的安全生产知识、熟悉有关安全生产规章制度和安全操作规程、掌握本岗位的安全操作技能，导致工人安全意识淡薄。

3. 事故启示

在施工现场，坠落高度在 2 米及以上的作业面，如边缘无围护设施或有围护设施但其高度低于 800 毫米时，这类作业称为临边作业。尚未安装栏杆的阳台周边、无外架防护的屋面周边、框架工程楼层周边、上下通道斜道两侧边以及卸料平台的外侧边统称为"五临边"。

本案例不仅反映了作业人员在进行临边作业时安全意识、安全知识不足，还反映了企业安全管理能力低下、安全投入不足、对待安全生产不够重视等问题。这些问题不仅构成了临边作业时的危险因素，还成为其他作业类型发生事故的危险因素。

4. 临边作业高处坠落伤害事故的预防措施

（1）应设置防护设施预防临边作业高处坠落。临边作业安全防护设施的设立应满足以下几个方面的要求：

1）临边作业的主要防护设施是防护栏杆和安全网。

2）临边防护用的栏杆是由栏杆立柱和上下两道横杆组成，上横杆称为扶手。上横杆离地高度为 1.0~1.2 米，下横杆离地高度为 0.5~0.6 米。临边作业的防护栏杆应能承受 1 000 牛的外力撞击。

3）当横杆长度大于 2 米时，应当加设栏杆立柱。

4）在建筑施工现场用来防止人、物坠落或用来避免、减轻坠落及物体打击伤害的网具，统称安全网。安全网主要有平网和立网两种：水平方向安装，用来承接人和物坠落的垂直载荷的，称为安全平网；垂直方向安装，用来阻挡人和物坠落的水平载荷的，称为安全立网。

5）防护栏杆必须自上而下用安全立网封闭或在栏杆下方设置严密固定的高度不低于 180 毫米的挡脚板或 400 毫米的挡脚笆。对临街或人流密集处、斜坡屋面处、施工升降机的接料平台及通道两侧，应自上而下加挂密目安全网。

（2）在进行临边作业时，作业人员需做到以下几个方面：

1）临边作业前班组长必须给作业人员做好安全交底。

2）作业人员施工前必须认真观察和检查作业环境和安全防护情况。

3）作业人员认真检查个人防护，做到"四不伤害"。

4）作业人员严禁拆除和破坏安全防护设施，严禁挪用安全防护设施材料、器具等。

5）现场管理人员加强管理和巡查督促。

（3）针对不同工种，临边作业的具体安全要求为以下几个方面：

1）泥工板砌筑时，操作平台搭设要牢固，平台上堆料不得超过规范要求，乘电梯上料时车子不要装得太满。

2）木工班支模和拆模时，不允许拆除安全防护网，外架上材料及时清理，材料堆放要规范，拆模时应先检查安全防护是否到位，作业层应封闭严实。

3）电焊工应做好防火隔离措施，并准备好灭火器材。

4）粉刷工严禁上下同一直线作业，工具及材料应整齐、稳固放置。

5）架子工作业时，工具及材料都应整齐、稳固放置，按安全规程操作，搭设的防护要安全可靠。

9.2　洞口作业高处坠落伤害事故

1. 事故简述

2013 年 10 月 15 日 13 时 30 分左右，浙江某建工集团有限公司（以下简称建工集团）在袍江星元南岸花园东区二期工程建设工地施工时，发生一起伤亡事故，造成 1 人死亡，直接经济损失约 35 万元。

事故经过：2013 年 10 月 15 日 6 时许，木工带班长许某洲安排木工班李某友、曹某刚 2 人对星元南岸花园东区二期工程 33#楼 18 层屋面上的水箱木板进行拆卸并清理，然后再合力去拆卸电梯井中的钢管。水箱木板拆了一半，李某友叫曹某刚去拆 18 楼电梯井中的钢管。大约 7 时许，许某洲上来发现曹某刚独自一人在拆电梯井中的钢管，马上进行了阻止并要求曹某刚去拆 18 楼电梯剪力墙模板。9 时许，李某友拆完水箱木板，曹某刚要求李某友一起先把剪力墙模板拆掉，但李某友却擅自去拆电梯井中的钢管。12 时 30 分左右（项目部下午上班时间是 13 时 30 分—17 时 30 分），许某洲到工地，只看到曹某刚一人在拆剪力墙模板，于是去找李某友，最后在 33#楼 5 层电梯井道内发现了李某友。此时李某友趴在电梯井道内,身上压着钢管和模板。在呼叫李某友无任何反应后,许某洲把他身上的钢管和木板移开,并把李某友抱到电梯井道洞口边的楼面上。随后,大概在 13 时 30 分左右,许某洲分别给李某友的亲戚袁某品和项目部现场负责人阮某龙打电话告知事故。之后,相关人员陆续到达事发现场。阮某龙提出要把李某友送去医院抢救,但遭到李某友外甥袁某的阻止(袁某认为他舅舅已经死亡,不用再送医院),随后报警。斗门镇派出所接警后随即到达现场并介入调查。16:30 左右派出所及法医经现场勘查后,确定李某友已经死亡,死亡原因为高处坠落。

2. 事故原因

经事故调查组调查分析,发生该起事故的原因如下:

(1)直接原因

作业人员李某友在 33# 楼作业时,由于不慎从 18 层电梯井坠落,坠落过程中击落井道内的多层内隔离至 5 层而死亡。

(2)间接原因

1)建工集团对施工项目部的管理上存在一定欠缺,施工现场安全管理不严,项目部又未认真履行安全管理职责。

2)建工集团项目部对作业人员的安全培训教育不到位,对 33# 楼 18 层屋面电梯机房外侧围护未做到定型化,在对作业人员的上下班制度和作业制度的管理上存在一定漏洞。

3)工程监理公司现场监理存在时间空缺,对通过主体结构验收的、工程已进入粉刷粗装修阶段的施工现场监理疏于管理,造成监理不到位。

3. 事故启示

在建筑施工现场的洞口旁进行坠落高度为 2 米及以上的作业，统称为洞口作业。建筑施工现场因分步分项工程的不同工序安排会产生楼梯口、电梯井、预留洞口和通道口称为"四口"。洞口作业属于高处作业的一种，它是特种作业，相关作业人员必须经过相关培训并持有效特种作业操作证（高处作业）方可上岗。

本案例作业人员不听从安全警告，擅自冒险作业，反映其安全意识淡薄。当有人劝告作业人员不要危险作业后，该作业人员依旧进行危险作业，这反映出涉事企业安全管理水平低下，不能有效阻止施工现场可能发生的危险操作。

4. 洞口作业高处坠落伤害事故的预防措施

洞口作业高处坠落伤害事故的预防措施主要包括以下几个方面：

（1）预防洞口作业高处坠落伤害，应设置洞口作业的防护措施，主要有设置封口盖板、防护栏杆、栅门、格栅及架设安全网等方式。

1）水平面上的洞口，应按口径大小设置不同的封口盖板。口径为 25~50 厘米的较小洞口、安装预制件的临时洞口，一般可用竹、木盖板封口；口径为 50~150 厘米较大的洞口，可用钢管扣件设置的网格或钢筋焊接成的网格封口，网格间距不大于 20 厘米，然后盖上竹、木盖板并固定；边长大于 150 厘米的大洞口应在四周设置防护栏杆，并在洞口下方设置安全平网。

2）垂直面上的洞口，一般采用工具式、开关式或固定式防护门，也可采用栏杆加挡脚板（笆）防护。

3）施工升降机、物料提升机吊笼上料通道口，应装设有联锁装置的安全门；接料平台接料口应当设可开启的栅门，不进出时应处于关闭状态。

4）电梯井口、立面洞口应根据具体情况设防护栏或固定栅门、工具式栅门，电梯井内每隔两层或最多10米设一道安全平网。

5）安全通道附近的各类洞口与场地上深度在2米以上的洞口等处，除设置防护设施与安全标志外，夜间还应设红灯示警。

（2）洞口作业预防高处坠落事故

1）洞口作业施工前，应对作业人员进行安全教育培训和安全技术交底，并应配备相应防护用品。

2）洞口作业人员应按照行业规范正确佩戴和使用安全防护用品（安全帽、安全带、安全绳、防滑鞋等），并应经专人检查。

3）在施工组织设计或施工技术方案中应按国家、行业相关规定并结合工程特点编制洞口作业安全技术措施。

4）洞口作业施工前，应对安全防护设施进行检查、验收，验收合格后方可进行作业。

5）洞口作业施工前，应检查高处作业的安全标志、安全设施、工具、仪表、防火设施、电气设施和设备，确认其完好，方可进行施工。

6）洞口作业施工过程中，作业单位应加强现场巡查，及时消除事故隐患。

7）需要临时拆除或变动安全防护设施时，应采取能代替原防护设施的可靠措施，作业后应立即恢复。

8）在雨、霜、雾、雪等天气进行洞口高处作业时，应采取防滑、防冻措施，并应及时清除作业面上的水、冰、雪、霜。

9）应建立定期和不定期的检查和维修保养制度，发现隐患应及时采取整改措施。

9.3　悬空作业高处坠落伤害事故

1. 事故简述

2018 年 8 月 6 日 16 时左右，无锡某建筑工程有限公司（以下简称建筑工程公司）在泰州某国际大酒店有限公司（以下简称事发酒店）外墙装饰施工过程中，发生一起高处坠落事故，造成 1 人死亡，直接经济损失约 62 万元。

事故经过：2018 年 4 月 27 日，事发酒店与周某、宋某签订内部经营管理协议，约定由周某、宋某负责酒店经营管理并按期缴纳经营管理金，期限从 2018 年 5 月 30 日至 2026 年 5 月 30 日。

取得经营权后，周某、宋某决定将酒店外墙重新粉刷，7 月 5 日，由周某代表酒店与建筑工程公司法定代表人阳某签订工程合同，约定按每平方米真石漆 45 元、外墙涂料 28 元计算工程款。建筑工程公司承包绿晶酒店外墙粉刷工程后，阳某将施工劳务分包给梅某个人，约定按照每平方米真石漆 17 元、外墙涂料 11 元计算劳务费用。

2018 年 7 月 22 日，梅某组织胡某等 3 名工人开始施工。施工期间阳某雇用其兄阳某忠负责施工现场的管理。2018 年 8 月 6 日 16 时左右，在外墙装饰施工过程中，事故发生。

2. 事故原因

经事故调查组调查分析，发生该起事故的原因如下：

（1）直接原因

外墙高处悬空作业使用座板式单人吊具为载人用具时，工作绳未拴固，而胡某未使用安全绳和安全带，因此在工作绳滑脱时，胡某随吊具坠落至 6 楼平台。

（2）间接原因

1）建筑工程公司无资质承揽外墙装饰施工，未安排专职安全管理人员对施工现场进行安全管理；法定代表人阳某将施工劳务分包给梅某个人，未查验高处作业人员特种作业操作证。

2）梅某个人承揽施工劳务，安排不具备特种作业操作证人员从事高处作业，未制止和纠正外墙高处悬空作业使用的座板式单人吊具工作绳未拴固、作业人员不使用安全绳和安全带的行为。

3）阳某忠未制止和纠正外墙高处悬空作业使用的座板式单人吊具工作绳未拴固、作业人员不使用安全绳和安全带的行为，未查验高处作业人员特种作业操作证。

3. 事故启示

在周边临空状态、无立足点或无牢固可靠立足点的条件下进行的高处作业，称为悬空作业。建筑施工现场悬空作业主要有以下六大类：

（1）构件吊装与管道安装。

（2）模板及支架系统的搭设与拆卸。

（3）钢筋绑扎和安装钢骨架。

（4）混凝土浇筑。

（5）预应力现场张拉。

（6）门窗安装作业等。

本案例中作业人员安全意识淡薄，心存侥幸心理，导致悬空作业发生高处坠落事故。除作业人员外，企业还应吸取以下教训：

（1）建筑工程公司应从这起事故中吸取深刻的教训，不得无资质承揽工程，更不得将工程施工劳务分包给个人；施工时要严格按照规定配备相关的安全设施，并督促作业人员正确使用；危险作业现场应安排专门人员进行监护，落实相应安全防护措施，确保安全生产。

（2）事发酒店应加强对工程施工单位的资质审查，不得将工程建设发包给不具备资质的单位或个人；应加强对施工现场的协调管理，发现问题要及时督促整改。

4. 悬空作业高处坠落伤害事故的预防措施

针对不同类型的悬空作业，应采取不同措施预防高处坠落伤害事故。悬空作业高处坠落伤害事故的预防措施主要包括以下方面：

（1）吊装构件和安装管道时的悬空作业

1）钢结构构件，应尽可能地安排在地面组装，当构件起吊安装就位后，其临时固定、电焊、高强螺栓连接等工序仍然要在高处作业，这就需要相应的安全措施，如操作平台上作业，应佩戴安全带和张挂安全网。

高空吊装预应力钢筋混凝土屋架、桁架等大型构件前，也应搭设悬空作业中所需的安全设施。

2）分层分片吊装第一块预制构件，吊装单独的大、中型预制构件，以及悬空安装大模板等，必须站在平台上操作。吊装中的预制构件、大模板以及石棉水泥板等屋面板上，严禁站人和行走。

（2）支撑和拆卸模板时的悬空作业

1）支撑和拆卸模板应按规定的作业程序进行。前一道工序所支撑的模板未固定前，不得进行下一道工序。严禁在连接件和支撑件上攀爬，并严禁在同一垂直面上装、卸模板；结构复杂的模板，其装、拆应严格按照施工组织设计的措施进行。

2）支设在高度3米以上的主模板，四周应设斜撑，并应设立操作平台；低于3米的可使用马凳操作。

3）支设处于悬挑状态的模板，应有稳固的立足点；支设临空构筑物的模板，应搭设支架或脚手架；模板面上有预留洞，应在安装后将洞口覆盖；混凝土板上拆模后形成的临边或洞口，应采取措施予以防护。

4）拆模高处作业，应配置登高用具或搭设支架。

（3）绑扎钢筋时的悬空作业

1）绑扎钢筋和安装钢筋骨架，必须搭设必要的脚手架或马凳。

2）绑扎圈梁、挑梁、挑檐、外墙和边柱等钢筋，应搭设操作台、架和张挂安全网。绑扎悬空大梁钢筋，必须在支架、脚手架或操作平台上操作。

3）绑扎支柱和墙体钢筋，不得站在钢筋骨架上或攀登骨架。绑扎柱钢筋时，必须搭设操作平台。

4）高空、深坑绑扎或安装钢筋骨架，必须搭设脚手架或设置马凳。

（4）浇筑混凝土时的悬空作业

1）浇筑离地 2 米以上的框架、过梁、雨蓬和小平台等，应设操作平台，不得站在模板或支撑件上操作。

2）浇筑拱形结构，应自两边拱脚，对称地相向进行；浇筑储仓时，下口应先行封闭，并搭设脚手架以防人员坠落。

3）特殊情况下进行浇筑，如无安全设施，必须挂好安全带，并扣好保险钩，或加设安全网。

（5）进行预应力张拉的悬空作业

1）进行预应力张拉时，应搭设站立作业人员和设置张拉用的牢固可靠的脚手架或操作平台；雨天张拉时，应加设防雨棚。

2）预应力张拉区域应标志明显的安全标志；禁止非作业人员进入，张拉钢筋的两端必须设置挡板，挡板一般应距所张拉钢筋的端部 1.5~2 米，且应在最高处的一组张拉 0.5 米钢筋，其宽度应距张拉钢筋左右两外侧各不小于 1 米。

3）孔道灌浆应按预应力张拉安全设施的有关规定进行。

（6）门窗工程的悬空作业

1）作业人员安装或油漆门窗及玻璃，严禁站在门框或阳台板上操作；门窗临时固定，封填材料未达到强度以及电焊时，严禁手拉门窗或进行攀登。

2）高处外墙安装门窗，无外脚手架，应张挂安全网；无安全网时，作业人员应系好安全带，其保险钩应挂在作业人员上方的可靠物体上。

3）进行各项窗口作业时，作业人员的重心应位于室内，不能在窗台上站立，必要时应挂好安全带。

9.4 脚手架作业高处坠落伤害事故

1. 事故简述

2021 年 1 月 10 日 14 时 50 分许，青岛某安装工程有限公司（以下简称安装工程公司）在崂山区深蓝公寓室外燃气入户支管改造施工人行道防护脚手架搭建过程中，发生一起高处坠落事故，造成 1 人死亡，直接经济损失约 130 万元。

事故经过：2021 年 1 月 10 日，安装工程公司在深蓝公寓 1 号楼进行人行道防护施工，上午完成了北侧脚手架上板和防护网铺设。14 时许，公司 2 名临时雇用人员刘某强、宋某先对地下车库入口及南侧两个网点进行人行道脚手架防护搭设。在地下车库入口处搭设脚手架时，刘某强站在约 4 米高的脚手架上，双脚分别踩在两根钢管横梁上，工友宋某先从地上给刘某强扔固定钢管的扣件（扣件约 1 公斤重），刘某强使用双手去接，突然刘某强右脚踩的固定脚手架第二层钢管的扣件滑落，失足从脚手架上坠落。宋某先看到刘某强坠落，想去接他未果，刘某强摔在地面上，宋某先立即向其他工友呼救，工友赵某豪、王某胜、徐某营赶到后，看见刘某强躺在地上，一直喘粗气。当天 23 时 48 分左右，刘某强经抢救无效死亡。

2. 事故原因

经事故调查组调查分析，发生该起事故的原因如下：

（1）直接原因

安装工程公司临时雇用人员刘某强安全意识淡薄，作业时未按规定佩戴安全带、安全帽，双脚站在约 4 米高脚手架钢管横梁上，徒手接辅助工从地面抛上来的钢管扣件，右脚踩的固定脚手架第二层钢管的扣件滑落，失足从脚手架上坠落；施工区域未按脚手架搭建施工作业方案要求设置防护网，导致刘某强坠落地面受伤。

（2）间接原因

1）安装工程公司未结合企业实际情况对作业场所和工作岗位存在的危险因素、防范措施及事故应急措施进行培训，作业人员安全生产意识淡薄；未及时发现并消除事故隐患，未及时发现并制止、纠正作业人员违章作业的行为。

2）安装工程公司未对承包单位的安全生产统一协调、管理，未及时发现并制止、纠正作业人员违章作业的行为。

3）安装工程公司主要负责人胡某意未及时消除生产安全事故隐患。

3. 事故启示

（1）脚手架施工主要安全问题

1）基础方面：地基不经夯实、硬化，不做排水设施；立杆下不设垫块及底座，不设置扫地杆。

2）连墙件方面：连墙件的设置存在的问题最为突出因此对高度在 24 米以下的脚手架宜采用刚性连墙件与建筑物可靠连接，亦可采用拉筋和鼎撑配合使用的附墙连接方式；严禁使用仅有拉筋的柔性连墙件，对于高度在24米以上的双排脚手架，必须采用刚性连墙件与建筑物可靠连接；连墙件的布置宜靠近主节点，距离不应大于300毫米；应从底层第一步纵向水平杆处开始设置，一字型、开口型脚手架的两端必须设置连墙件，连墙件的垂直间距不应大于建筑物的层高，并小于等于4米（2步）。

但很多施工场地一般脚手架的连墙件的形式不正确，常使用仅有拉筋的柔性连墙件，超过24米的外架也不使用刚性拉墙件，并且连墙件的数量不够，存在很大的安全隐患。

3）构造方面

①目前工地有较多的脚手架横距小于1.05米，只有0.7~0.9米，这样的外架，除影响使用外，自身的稳定性较差，对连墙件和架体垂直度的要求更高。

②架体搭设的安全出入口，特别是汽车通道未进行安全计算，随意搭设。

③转角处立杆设置数量不够。

④与井架卸料平台交叉处，两端外架之间随意断开，或者外架与卸料平台架体连在一起。

⑤脚手板不按要求铺满。

⑥安全网质量差。

⑦未按要求设挡脚板。

（2）脚手架使用过程中的主要安全问题

1）外墙装修阶段，随意拆除连墙件，又不采取加固措施。

2）脚手板不按要求铺设，施工层不铺满脚手板。

3）连墙件与外架搭设进度不同步。

4）外架进度与施工进度不同步，特别是二层、三层施工时无外架。

5）不按要求进行安全检查。

（3）脚手架拆除过程中的主要安全问题

1）脚手架拆除前对架体的结构稳定、扣件连接、连墙件、支撑体系等是否符合要求未进行检查。

2）拆除时不按技术交底进行，经常出现先将整层或者数层连墙件拆除后再拆脚手架的现象。

3）脚手架拆除时，无脚手板。

4）拆除连墙件后，未为最后一根立杆搭设临时抛撑。

5）将各构配件直接抛至地面。

4. 脚手架作业高处坠落伤害事故的预防措施

（1）实行脚手架搭设验收和安全检查制度。

（2）明确作业人员工地脚手架安全操作规程，并定期进行安全纪律教育。

（3）脚手架要平稳，不得有探头脚手板。

（4）要扎设牢固的防护栏杆，从第五步架起，架设竹笆栏或拉设安全立网。

（5）从第二步起每隔一步架设一层安全防护层。

（6）脚手架不得超过 270 千克/平方米，堆砖单行侧放，不超过 3 层。

（7）脚手架离墙面间距大于 20 厘米时，至少每一步架要铺设一层防护层。

9.5　攀登作业高处坠落伤害事故

1. 事故简述

2018 年 9 月 30 日 13 时 50 分许，位于梧州市不锈钢制品产业园区内的某特钢有限公司（以下简称特钢公司）厂区内在建的除尘系统收集间发生一起高处坠落事故。该事故造成 1 人死亡，直接经济损失约 75 万元。

事故经过：2018 年 3 月 10 日，特钢公司与江阴市某环保科技有限公司（以下简称环保科技公司）签订了 60 吨电炉 1#、2# 烟气除尘系统工程承包合同，合同要求环保科技公司为特钢公司制作、安装 2 套烟气除尘系统设备，工程于 2018 年 5 月 30 日前完成。合同签订后，环保科技公司按要求完成了烟气除尘系统的制作并安装了部分设备，但由于人手问题超过合同规定时间迟迟未能完工，为此特钢公司与环保科技公司于 2018 年 6 月 25 日签订终止合同协议，遗留约 10% 的设备安装收尾工作由特钢公司自行安排其他施工单位安装。

曾从事环保除尘设备安装施工的朱某兵知道这个消息后，找到特钢公司希望承揽这项收尾工程，双方于 2018 年 7 月 30 日签订劳务承揽合同及安全协议。合同签订后，朱某兵分别雇请了贾某江、焦某林、刘某华和习某卫等人为特钢公司完成烟气除尘系统设备安装的收尾工作，朱某兵并给其雇请的人员够买了保险（意外险）。2018 年 9 月 30 日，朱某兵安排贾某江、焦某林、刘某华和习某卫 4 人到特钢公司吊装除尘车间的除尘斗。上午吊装好了 2 个除尘斗，13 时 30 分左右，他们把第 3 个除尘斗吊装摆正后，贾某江等4人需攀爬到除尘斗顶部确认吊装是否到位，他们分别从除尘斗4个支柱向上攀爬（当中只有焦某林使用梯子爬），贾某江在攀爬过程中失足从高约4米的横梁处坠落，头部着地流血不止。此时，在贾某江斜对角的刘某华听到响声，看见贾某江趴在地上一动不动而且流血不止，便大喊："有人掉下来了！"并马上下来查看情况。随后他与其他两位工友分别报警和联系救护车前来救治，并电话告知朱某兵这里发生的情况。14时左右，120救护车和在外购置材料的朱某兵相继赶到，贾某江经到场医生现场抢救无效，确认死亡。

2. 事故原因

经事故调查组调查分析，发生该起事故的原因如下：

（1）直接原因

1）作业人员安全防范意识薄弱，在没有安全保护措施的情况下违规攀爬进行高空作业。

2）朱某兵作为雇主对雇员的安全教育培训及安全管理不到位，而且作业现场并没有落实专人进行安全监管，缺乏有效指挥、统一协作，致使作业人员违规攀爬作业。

（2）间接原因

经调查分析，特钢公司作为本项目工程的定作人，未能认真做到对承揽人的监督管理职责，督促承揽人落实专职现场安全监管人员，是导致事故发生的间接原因。

3. 事故启示

在施工现场，凡借助于登高工具或设施，在攀登条件下进行的高处作业，统称为攀登作业。由于人体在高空中且处于不断的移位活动状态，所以攀登作业有很大的危险性。在建筑施工现场，攀登作业使用的主要工具是梯子，大部分事故都是因使用梯子时出现不安全行为导致的。本案例作业人员违规进行攀登作业，缺乏一定的安全意识，在无人监管，并且没有安全防护措施的情况下随意攀登，最终酿成悲剧。

4. 攀登作业高处坠落伤害事故的预防措施

对于攀登作业使用的梯子，主要有移动梯、折梯、固定梯和挂梯4类。攀登作业高处坠落伤害事故的预防措施主要包括以下几个方面：

（1）外购扶梯，必须符合有关标准的要求。

（2）踏板间距宜在30厘米左右，不得有缺档。

（3）踏板应当采用具有防滑性能的材料。

（4）踏板承载能力不得小于1 100牛。

（5）移动梯可接高使用，但只能接高一次，接高后连接部位的承载能力不得小于1 100牛。

（6）移动梯、折梯在使用中，不得用凳子、木箱等临时垫高。

（7）上下梯子时，必须面向梯子，一般情况下不得手持器物。

（8）梯子应当设置在周围相应的坠落半径外。

（9）使用移动梯和折梯时，旁边应另有人看管、监护。

（10）作业人员应按照规定合理使用梯子，不可盲目使用梯子进行攀登。

坦塌与起重伤害工伤事故典型案例

10.1 矿井冒顶片帮伤害事故

1. 事故简述

2015 年 11 月 7 日 8 时 40 分，浙江某矿业建设集团有限公司（以下简称矿业建设集团）驻宜章瑶岗仙矿业（中部区域）二项目部三队一工区 14 中段 14–507# 采场发生一起冒顶片帮事故，导致 1 人死亡，直接经济损失 145.88 万元。

事故经过：2015 年 11 月 7 日 7 时 30 分，14–507# 采场作业人员郭某兵、郭某勇、郭某义（遇难者）3 人在 16 中段井口会合后，于 8 时左右到达 14 中段守护点（休息室），参加了由值班长王某组织召开的班前会，安排郭某兵（507 采场组长）等 3 人在 507 采场出渣，并交代要先送风、洒水、处理松石后再出渣。王某交代完毕后，就准备去 401 采场。8 时 10 分，郭某兵等 3 人前往 507 采场；8 时 20 分，3 人到达 507 采场下部漏斗运输巷，郭某兵先开启局部通风机给采场送风，稍作休息后，安排郭某勇在运输巷内做其他辅助工作，自己与郭某义经采场行人天井（长度 18 米、坡度 38°）攀入采场。到达采场后，郭某兵进入采场里面找工具（钢钎、扒子、铁箕等）。郭某义先大致看了一下行人天井的松石情况后，随后拿着钢钎开始处理浮石。8 时 40 分左右，当郭某兵还在找工具时，听到行人天井有掉浮石的声音，接着又听到郭某义"哎哟"的叫声，当时两人有 5 米远的距离，郭某兵立即跑过来，见郭某义左手拿着矿灯，坐在行人天井的废石堆上，就扶着问他怎么样，郭某义回答说："废石将我的头砸了一下！"郭某兵看了一下他的头，发现其头的后脑上部被砸破了一块皮，当时头部的血迹不是很多，但是从嘴巴及鼻孔流出了大量的鲜血。郭某兵就想将其抱起来，郭某义说："不要抱我，让我坐一下。"郭某兵就让其坐着，然后下到漏斗运输巷处，叫郭某勇上来。当两人再上到采场时，就没有听到郭某义的说话声了。后郭某义经诊断因脑外伤死亡。

2. 事故原因

经事故调查组调查分析，发生该起事故的原因如下：

（1）直接原因

作业人员郭某义安全意识淡薄，作业前未对工作区域的巷道顶板进行细致检查，在无人观场的情况下冒险、违章站在浮石下处理浮石，因浮石突然冒落造成事故。

（2）间接原因

1）现场安全管理力量薄弱，出现安全监管缺位现象

①存在以包代管的现象。承包单位矿业建设集团有限公司驻宜章瑶岗仙矿业二项目部未执行《金属非金属地下矿山企业领导带班下井及监督检查暂行规定》领导带班下井的规定，未开展井下隐患排查工作，安全管理制度不健全，安全操作规程不完善。

②现场安全管理缺位。事故当班一工区专职安全监管人员和项目部当班安全员安全管理不到位，直到事故发生时一直未到事故采场进行安全巡查工作。

③井下专职安全管理人员配备不足。瑶岗仙矿业有限责任公司安环部配备3名专职安全员，下辖一工区配备2名专职安全员，矿业建设集团驻瑶岗仙矿业有限责任公司二项目部配备1名专职安全员。其中浙江矿业建设集团二项目部负责的12~19等8个中段共设置三个工区（一工区负责12~15中段，二工区负责16~17中段，三工区负责18~19中段）。由上述专职安全员对点多面广的井下采掘作业地点进行安全监管，现场安全监管力量单薄。

2）法制意识薄弱，违法违规组织生产

①未执行公司制定的《现场安全生产确认制度》有关规定。现场作业人员未执行"进行作业前，必须首先进行安全确认，并按规定填写表格签字。确认安全后，方可按有关安全操作规程规定的程序和要求进行作业；有不安全因素，必须及时采取切实可靠的安全措施后，方可继续作业"。的规定；当班班组长未执行"班组长对本班组作业人员、作业环境、设备、工具、材料等进行安全确认，填写安全确认表"。的规定；当班安全生产管理人员未

执行"工区领导及安全员每天到作业现场进行巡查,对安全确认工作进行检查、核实,督促整改"。的规定。

②违反了《金属非金属矿山安全规程》(GB 16423—2020)有关规定。例如,作业中发现冒顶预兆应停止作业进行处理;发现冒顶危险征兆,应立即通知作业人员撤离现场,并及时上报;在井下处理浮石时,应停止其他妨碍处理浮石的作业。

③违法组织生产。矿业建设集团于2012年11月3日取得了安全生产许可证,有效期2012年11月3日至2015年11月2日,但发生事故时安全生产许可证已经过期却仍在非法组织生产。

3)安全教育和培训不到位,现场安全管理人员、作业人员安全生产素质差

①现场作业人员未按规定进行安全培训。查阅一工区培训台账,发现郭某义(死者)只参加了2015年10月3日一工区组织的新进人员半天培训。缺乏必要的安全培训会造成现场作业人员不具备基本的安全生产技能、安全意识淡薄、冒险作业。

②专职安全督导员未经培训考核合格。一工区配备的30名专职安全督导员未经过安全生产教育和培训、未经过安全生产监督管理部门考核合格。

③矿业建设集团二项目部安全管理人员下井基本未发现安全隐患。14中段14—507采场行人天井遇地质破碎带,岩石松软破碎,胶结疏松,极易冒落,且未进行支护,作业现场险象环生。项目部现场带班工作日志和隐患排查台账中并未记载发现安全隐患,基本上填写为正常,对事故区域顶板方面存在的安全隐患熟视无睹。

3. 事故启示

冒顶片帮主要是井下开采或支护不当，顶部或侧壁大面积垮塌造成伤害的事故。矿井作业面，巷道侧壁在岩石应力作用下变形、破坏而脱落的现象称为片帮，顶部垮塌称为冒顶。冒顶片帮是井下开采矿山中最常发生的事故，多发于掘进工作面、巷道开岔或贯通处、大断面硐室、破碎带、采矿场、岩石节理发育场所等。冒顶片帮会造成岩石局部冒落、垮塌，砸伤或埋压作业人员，发生伤亡事故。

冒顶片帮大多数是局部冒落及浮石引起的，而大冒落及片帮事故相对较少。引发冒顶片帮事故的原因有以下几个方面：

（1）采矿方法不合理和顶板管理不善，采掘顺序、凿岩爆破等作业不妥当。

（2）支护方式不当、不及时支护或支护质量和顶板压力不相适应等。

（3）检查不周、疏忽大意。

（4）处理前未对顶做细致全面检查，没有掌握浮石情况，处理浮石操作不当，违反操作制度。

（5）地质矿床等自然条件不好。

（6）地压活动。

本案例系作业人员违章作业，且企业未对作业人员进行严格充分的安全培训教育的典型案例，这启示任何企业都要认真评估作业人员资质并严格遵守安全作业流程等来预防事故。

4. 矿井冒顶片帮伤害事故的预防措施

（1）冒顶片帮事故的预防措施

1）认真编制并严格执行采区设计和工作面作业规程。

2）采取有效支护措施、提高支护质量，使工作面支护系统有足够支撑力和可缩量。

3）严格执行敲帮问顶制度，正确识别和处理围岩来压情况。

4）及时回柱放顶，使顶板充分垮落。

5）特殊条件下要采取有针对性的安全措施，如采取爆破措施、支护措施、背顶措施和回柱措施等，以防止冒顶事故发生。

6）进行矿压预测预报，掌握顶板压力分布和来压规律。注重对冲击地压的预防。

7）严格控制采高和控顶距离。

8）认真做好维修井巷时的支架撤换。

（2）大冒顶事故预防措施

1）回采工作面要适当加大支护密度。回采工作面要适当加大支护密度以加强工作面的总支撑力，其目的是减少顶板下沉量和顶板的台阶下沉。下沉量小，顶板则比较完整，可减少或消除冒顶事故。但如果支架过多，其架设和回收工作量大，在空间狭小的工作面，不利于展开工作。工作面需要的总支撑力应根据实际情况而定，可比计算值略高一些。

2）掌握顶板周期来压规律。在工作中要探索顶板地压规律，如果支架总支撑力只能适应当时顶板压力，当有周期来压时就会出现危险，在来压前要加强支护，增加支架。

3）加快工作面推进速度。工作面推进速度越慢，顶板下沉量越大。顶板不完整，木支架折损多；使用金属支架时压力大，工作面的总支撑力则相对减少，这就容易推进工作面，而加快工作面推进速度时，可相对增大总支撑力。

4）保证支架的规格和质量。冒顶与支架规格质量有直接关系，在具体工作中要解决支架"顶不紧""抗不住"等起不到支撑作用的问题，使用的支架必须符合安全生产中工艺条件的质量要求。

（3）局部冒顶事故预防措施

1）选择合理的支护方式。不同岩石性质的顶板，要采用不同的支护方式，如坚硬顶板可采用锚杆或带帽锚杆，破碎的顶板需要用连锁棚架，在梁架上还要插入背板。

2）回采后要及时支护。采用空场采矿法时，顶板暴露面积较大，因此要严格按照设计要求留下矿柱或打临时锚杆进行及时支护。

3）回采和支护工作必须严格按照操作规程和作业程序进行，不得违章操作或偷工减料。

10.2 坍塌伤害事故

1. 事故简述

2020 年 2 月 17 日 16 时 17 分左右，某建筑工程（集团）有限公司（以下简称建筑集团公司）湘乡市经济开发区污水处理厂配套管网（二期）工程建设项目施工工地发生一起坍塌事故，造成 1

人死亡，直接经济损失 118 万余元。

事故经过：2020 年 2 月 17 日下午，建筑集团公司该项目的现场负责人王某强组织施工人员顾某高、李某文、李某辉、胡某雄，挖机驾驶员袁某在工地进行施工，作业人员都佩戴了手套、安全帽等劳动防护用品。此外，工程监理公司监理员李某民在施工现场进行监理，光大燃气公司巡线员冯某明在现场进行燃气保护值守、电信公司工作人员颜某明在离施工点约 25 米的地方对前几天施工过程中损坏的电信光缆进行维修。

当时，呈东南至西北走向的基坑已经基本成形，长约 18 米、宽约 0.8 米、深约 2.2 米。因为基坑内有天然气管道、自来水管道、电力线路、电信光缆的施工情况比较复杂，王某强要求作业人员先人工对基坑进行挖掘作业，再由挖机驾驶员袁某用挖机将挖好的土方转移出去。16 时 17 分，顾某高和李某辉一组，配合袁某驾驶挖机进行管道安装，顾某高在坑内对坑底进行平整，李某辉在上方地面进行配合施工。突然，顾某高施工地点两侧的坑壁发生了坍塌，坍塌物砸中了燃气管道和顾某高头部，造成燃气管道破裂、燃气泄漏、顾某高被掩埋（被掩埋后仅露出头部的安全帽）。事故发生后，在场人员王某强、冯某明先后跳入坑内采取徒手刨挖的方式对顾某高进行了救援，其他在场人员也进行了救援协助并拨打急救电话。同时，冯某明通知燃气公司对断裂管道进行了闭阀处理，李某民对周围人员进行了疏散。

20 分钟左右，顾某高被众人从坑内救了出来，口鼻流血、不能说话。又过了约 5 分钟后 120 救护车赶到现场，顾某高经医护人员抢救无效死亡。

2. 事故原因

经事故调查组调查分析，发生该起事故的原因如下：

（1）直接原因

作业人员顾某高在未做放坡或支护等安全防护措施的情况下，进入坑内作业，被突然坍塌物砸中了头部并掩埋，经抢救无效后死亡。

（2）间接原因

1）建筑集团公司未落实安全生产主体责任

①未按照施工方案施工，施工时未按放坡要求进行基坑开挖。

②现场安全管理不到位。在施工过程中，施工人员顾某高在未采取安全防护措施的情况下进入坑内作业；建筑集团公司专职安全员罗某炎不在岗，未到现场进行跟踪巡查；施工现场负责人王某强未对作业人员的违章冒险作业行为进行制止或责令改正。

③安全教育和培训不到位。经调查，该公司对作业人员进行全员安全教育和培训不到位，安全员未组织或者参与安全教育和培训，对部分作业人员（如作业人员李立文）未做安全教育和培训；提供的安全教育和培训资料中，员工三级安全教育记录卡既未填写培训日期，也无受教育人员签字，未建立健全安全教育和培训档案，未如实记录安全教育和培训的时间、内容、参加人员以及考核结果。

2）工程监理公司监理职责落实不到位：一是编制的该工程《监理规划实施细则》中没有涉及关于土方基坑明挖的监理安全措施，与实际施工情况不符；二是监理安全职责履行不到位；监理人员未对作业人员进行基坑作业时未按有关规定采取放坡、防坍塌支护等安全防护措施的违章冒险作业行为进行制止或责令改正。

3. 事故启示

坍塌是指建筑物、构筑物、堆置物倒塌以及土石塌方引起的事故。在建筑业中经常会遇到坍塌伤害，例如接层工程坍塌、纠偏工程坍塌、交付使用工程坍塌、在建整体工程坍塌、改建工程坍塌、在建工程局部坍塌、脚手架坍塌、平台坍塌、墙体坍塌、土石方作业坍塌、拆除工程坍塌等。

由于坍塌的过程发生于一瞬间，来势迅猛，现场人员往往难以及时撤离。随着坍塌物体的变动无法及时撤离的人员，可能会发生坠落、物体打击、挤压、掩埋、窒息等事故。如果现场有危险物品存在，还可能引发着火、爆炸、中毒、环境污染等灾害。抢救过程中，如缺乏应有的防护措施，还易出现二次、多次坍塌，增加人员伤亡，甚至群死群伤事故。近年来，随着高层、超高层建筑物的增多，基坑的深度越来越深，坍塌事故的发生率也呈现出上升趋势。

造成坍塌伤害事故的主要原因有：

（1）基坑、基槽开挖及人工扩孔桩施工过程中的土方坍塌

坑槽开挖没有按规定放坡，基坑支护没有经过设计或施工时没有按设计要求支护；支护材料质量差导致支护变形、断裂；边坡顶部荷载大（如在基坑边沿堆土、砖石等，土方机械在边沿处停靠）；排水措施不通畅，造成坡面受水浸泡产生滑动而塌方；冬春之交破土时，没有针对土体胀缩因素采取护坡措施。

（2）楼板、梁等结构和雨篷等坍塌

工程结构施工时，在楼板上面堆放物料过多，使荷载超过楼板的设计承载力而断裂；刚浇筑不久的钢筋混凝土楼板未达到应有的强度，为赶进度即在该楼板上面支搭模板浇筑上层钢筋混凝土楼板而造成坍塌；过早拆除钢筋混凝土楼板、梁构件和雨篷等的模板或支撑，导致混凝土强度不够而造成坍塌。

（3）房屋拆除坍塌

随着城市建设的迅速发展，拆除工程也逐渐增多，然而房屋拆除专业队伍力量薄弱、管理不到位，拆除作业人员素质低、盲目蛮干，拆除工程不编制施工方案和技术措施、野蛮施工，都易造成墙体、楼板等坍塌。

（4）模板坍塌

模板坍塌是指用扣件式钢管脚手架、各种木杆件或竹材搭设的高层建筑楼板的模板，因支撑杆件刚性不够、强度低，在浇筑混凝土时失稳造成模板上的钢筋和混凝土塌落的事故。模板支撑失稳的主要原因是在施工前没有进行设计计算，也没有编制施工方案，施工前未进行安全交底。特别是混凝土输送管路，往往附着在模板上，输送混凝土时产生的冲击和振动更加速了支撑的失稳。

（5）脚手架倒塌

脚手架倒塌主要由于是没有认真按规定编制施工方案，没有执行安全技术措施和验收制度。架子工属特种作业人员，必须持证上岗。但目前架子工安全技术素质普遍不高，专业性施工队伍少。竹脚手架所用的竹材有效直径普遍达不到要求、搭设不规范，特别是相邻杆件接头、剪刀撑、连墙点的设置不符合安全要求等，都易造成脚手架失稳倒塌。

（6）塔吊倾翻、井字架（龙门架）倒塌

塔吊倾翻主要是塔吊起重钢丝或平衡臂钢丝绳断裂致使塔吊倾翻，或因轨道沉陷及下班时夹轨钳未夹紧轨道，夜间突起大风使塔吊出轨倾翻。塔吊倾翻的另一个原因是在安装拆除塔吊时，施工单位没有制定施工方案，也不向作业人员交底。井架（龙门架）倒塌主要原因是架体基础不稳固，稳定架体的缆风绳，或搭、拆架体时的临时缆风绳不使用钢丝绳，甚至使用尼龙绳。附墙架使用竹、木杆并采用铅丝等绑扎，井字架（龙门架）与脚手架连在一起等。

4. 坍塌伤害事故的预防措施

坍塌事故因塌落物自重大、作用范围大，往往伤害人员多，后果严重，常造成重大或特大人身伤亡事故。坍塌伤害事故的预防措施主要包括两个大的方面。

（1）预防土方坍塌事故

挖土方时，发现边坡附近土体出现裂纹、掉土及塌方险情时，应立即停止作业，下方人员要迅速撤离危险地段，查明原因后，再决定是否继续作业。

（2）预防脚手架坍塌事故

1）加强对脚手架的日常检查维护，重点检查架体基础变化、各种支撑及结构连接的受力情况。

2）当脚手架的前部基础沉陷或施工需要掏空时，应根据具体情况采取加固措施。

3）当隐患危及架体稳定时，应立即停止使用，并制定针对性措施，限期加固处理。

4）在支搭与拆除作业过程中要严格按规定和工作程序进行。

10.3　起重伤害事故

1. 事故简述

2018 年 5 月 9 日 12 时 30 分左右，在阳春市潭水镇南山工业园内的某钢铁有限责任公司轧钢厂（以下简称轧钢厂）一棒生产车间发生一起起重伤害事故，事故造成维保作业人员 1 人死亡，直接经济损失 100 万元。

事故经过：2018 年 5 月 9 日，轧钢厂一棒生产车间作出对成品区域 C25 柱—C30 柱大车（即 4 号、5 号起重机）压轨器底板断裂的拆除、螺栓紧固、更换的日修计划。5 月 8 日，检修施工单位某建设工程公司作业队队长毛某已向杜某、龚某和姚某 3 人交办检修任务并进行安全交底，交底内容包括物体打击、机械伤害、起重伤害等 9 种危险源及安全对策。5 月 9 日当天待检修压轨器的 4 号、5 号起重机已断电停车待检，钢铁公司点检员晏某约杜某于 12 时 30 分到检修区域进行检修前的确认。但在 12 时左右点检员晏某看到杜某 1 人提前携带设备气管登上起重机检修作业平台的人员通道上。在这段时间，在检修区域另一侧正常运行的 9 号起重机指挥人员刘某正指挥司机符某将检修用设备从车间东端起吊到车间中部。经推测，当杜某在走到第 21 柱与第 22 柱之间时，因未明原因将上半身伸出安全护栏，刚好被栏杆外正常运行的9号起重机活动部分碰撞挤压至第21柱钢构。12时45分左右，钢铁公司点检员晏某联系杜某未果，于13时左右到检修区域进行查看，发现杜某受伤倒在9号起重机与人员通道护栏之间。该点检员立即通知作业长徐某和9号起重机司机符某停止作业，并将伤者送阳春市人民医院救治。

2. 事故原因

经事故调查组调查分析，发生该起事故的原因如下：

（1）直接原因

1）维保作业人员杜某不按操作规程作业。杜某未按约定时间擅自提前到达检修现场，且明知在检修现场附近有其他起重机作业和检修现场安全措施未完善的情况下擅自靠近其他正常作业区域，是本次机械伤害事故的直接原因之一。

2）维保作业人员杜某在对起重机压轨器维护保养作业过程中违规作业，在维护保养作业现场未设置作业警示标志牌、相关起重机械轨道未设置停止器或采取其他避免对起重机维护保养造成影响的安全措施，是本次机械伤害事故的直接原因之二。

3）建设工程公司阳春作业队开展起重机压轨器日常维护保养作业过程中，未按规定安排现场指挥人员，以提示相关起重机司机注意接近维修工作区，是本次机械伤害事故的直接原因之三。

（2）间接原因

1）建设工程公司未认真落实企业安全主体责任，履行安全管理职责不到位。在维修项目期间，没有教育和督促作业人员严格执行本单位检修时安全生产规章制度和安全操作规程，没有向作业人员如实告知作业场所和工作岗位在检修时存在的危险因素，以及防范措施和应急措施，安全监管履职不到位。

2）建设工程公司阳春作业队队长毛某是作业队主要负责人及安全生产第一责任人。毛某未依法履行作业队安全生产职责，未落实安全生产管理责任，未能认真督促、检查作业队的安全生产工作，及时消除安全生产事故隐患。在检修工作中作业人员提前进入检修区域进行违规作业，且检修区域没有设置作业警示标志牌、相关起重机械轨道未设置停止器或采取其他避免对起重机维修造成影响的安全措施，毛某作为代表建设工程公司管理作业队的主要负责人，未能检查发现并及时消除作业人员违规作业行为，安全生产管理工作履职不到位。

3）建设工程公司阳春作业队现场安全员姚某负责作业队安全管理专职工作，未严格按规定履行安全生产管理人员职责，安全生产管理不到位。作业队存在作业人员杜某提前进入检修现场以及作业人员检修时没有设置作业警示标志牌、相关起重机械轨道未设置停止器或采取其他避免对起重机维修造成影响的安全措施，姚某没有及时检查发现安全隐患，未能制止和纠正违规作业行为，安全生产管理工作履职不到位。

3. 事故启示

起重伤害事故是指在进行各种起重作业（包括吊运、安装、检修、试验）中发生的重物（包括吊具、吊重或吊臂）坠落、夹挤、物体打击、起重机倾翻、触电等事故。起重伤害事故可造成重大的人员伤亡或财产损失。根据不完全统计，在事故多发的特殊工种作业中，起重作业事故发生率高，事故后果严重，重伤、死亡人数比例大，应引起有关方面的高度重视。

本案例因作业人员未设置警戒区域，导致无关人员擅自进入危险区域造成事故发生。这启示在起重作业时应及时设置好警戒区域，作业人员集中注意力，做好观察，防止无关人员进入危险区域。

4. 起重伤害事故的预防措施

起重伤害事故的预防措施主要包括以下一些方面：

（1）起重工应经专业培训，并经考试合格持有特种作业操作证，方能进行起重操作。

（2）工作前必须戴好安全帽，对投入作业的机械设备必须严格检查，确保完好可靠。

（3）现场指挥信号要统一、明确，坚决反对违章指挥。操作应按指挥信号进行，对紧急停车信号，不论何人发出，都应立即执行。

（4）在起重物件就位固定前，起重工不得离开工作岗位。禁止在索具受力或被吊物悬空的情况下中断工作。

（5）司机接班时，应对制动器、吊钩、钢丝绳和安全装置进行检查。发现性能不正常时，应在操作前排除。

（6）开车前，必须鸣铃或示警。操作中接近人时，应给予断续铃声或警报。

（7）当起重机上或其周围确认无人时，才可以闭合主电源。

当电源电路装置上加锁或有标志牌时，应由有关人员解除后才可闭合主电源。

（8）闭合主电源前，应将所有的控制器手柄置于零位。

（9）工作中突然断电时，应将所有的控制器手柄扳回零位。在重新工作前，应检查设备装置是否正常。

（10）在轨道上露天作业的起重机，当工作结束时，应将起重机锚定住；当风力大于 6 级时，一般应停止工作，并将起重机锚定住；对于在沿海工作的起重机，当风力大于 7 级时，应停止工作，并将起重机锚定住。

（11）起重机进行维护保养时，应切断主电源并挂上标志牌或加锁。如存在未消除的故障，应通知接班司机。

常见其他伤害工伤事故典型案例

11.1 动物伤人事故

1. 事故简述

2020 年 10 月 17 日 16 时 30 分左右，某野生动物园猛兽区（熊区）发生一起动物伤人事故，造成 1 人死亡，直接经济损失约 260 万元。

事故经过：2020 年 10 月 14 日，野生动物园景观建设部根据动物管理部的猛兽区（熊区）挖掘机翻土除草作业申请，开具零星工程派工单，安排外包公司到猛兽区（熊区）翻土除草。

2020 年 10 月 16 日 8 时 30 分左右，野生动物园猛兽区班长季某驾驶斑马车引导外包公司挖掘机驾驶员徐某驾驶挖掘机进入猛兽区（熊区）实施翻土除草作业。野生动物园季某、闵某、朱某轮流在斑马车内进行作业监护。

2020 年 10 月 17 日 8 时，徐某驾驶挖掘机进入猛兽区（熊区）进行翻土除草作业。季某、闵某、朱某再次轮流在斑马车内进行作业监护。16 时 30 分左右，徐某离开挖掘机驾驶室到挖掘机右侧查看车况，坐在斑马车内负责作业监护的朱某看到徐某违规下车情形后，也违规下车并走向徐某提醒其回到挖掘机驾驶室。当时斑马车和挖掘机周边有少数棕熊，朱某在提醒徐某后返回斑马车过程中，被一头快速窜出的棕熊扑倒撕咬，随后吸引多头棕熊聚拢一起撕咬。

挖掘机随车驾驶员徐某见状后欲驱赶棕熊施救，但此时，更多的棕熊聚拢过来，徐某撤回到挖掘机驾驶室内，拨打了 110 电话，并打电话向赵某报告情况。赵某随即打电话向外包公司项目经理沈某报告了事故情况。16 时 35 分左右，沈某将事故情况报野生动物园李某，并由其向季某电话通知。季某接到李某的电话后，驾驶斑马车于 16 时 36 分左右赶到猛兽区（熊区）事发点并用斑马车驱赶棕熊，同时报告野生动物园动物部经理谢某，并通知猛兽区其他岗位人员驾驶斑马车赶到现场救援。16 时 39 分左右，谢某率领兽医、饲养员等近 20 人赶往熊区救援，共组织 5 辆斑马车、1 辆牵引车、1 辆高压洒水车和 1 辆大型挖掘机驱赶熊群，驱赶走熊群后将朱某尸体带出猛兽区。

2. 事故原因

经事故调查组调查分析，发生该起事故的原因如下：

（1）直接原因

朱某在熊区履行除草作业监护职责的过程中，违反野生动物园的《动物展区安全作业应急处理预案》和《车入区狮、熊岗位安全操作规程》规定下车，遭熊攻击导致死亡。

（2）间接原因

1）徐某在猛兽区（熊区）除草作业过程中违章作业。

2）外包公司未根据现场条件制定上报安全施工方案便进入猛兽区进行除草作业，安全风险告知交底不规范。

3）野生动物园未严格落实安全生产主体责任，规章制度执行不严，未督促检查外包公司制定上报安全施工方案，未按合同约定履行安全施工方案审查审批职责，未及时发现制止作业监护人员和外包单位挖掘机驾驶员的违章行为。

3. 事故启示

本案例展示了动物园内进行有关作业时，人员被动物伤害的情景。动物伤人多见于动物园、野外作业等，许多工程施工作业一般都位于偏远地区，在作业过程及人员工余时间，会存在野生动物伤人的可能性。若人员遇到野生动物不懂得如何自救与急救时，便会遭到生命威胁。

4. 动物伤人事故的预防措施

动物伤人事故的预防措施主要包括以下几个方面：

（1）作业人员应具有较强的安全意识和安全知识，熟悉作业过程中动物伤人的危险性，做好个人防护措施。

（2）在进行作业时，应加设一些防护设施将动物与人隔离开来，阻止动物进入作业区域和场所。

（3）学会自救与急救知识，遭到动物袭击后应懂得如何求生。

11.2 作业人员跌倒摔伤事故

1. 事故简述

2018 年 11 月 21 日 14 时 30 分左右，位于辽宁省铁岭市昌图县曲家店镇由江苏某建设集团有限公司所承建的辽宁某生物质能源科技有限公司昌图县曲家店镇生物质热电联产项目工地发生一起作业人员跌倒摔伤事故，造成 1 人死亡。

事故经过：2018 年 11 月 21 日 14 时 30 分左右，位于昌图县曲家店镇范家村十一组，由江苏某建设集团有限公司所承建的辽宁某生物质能源科技有限公司昌图县曲家店镇生物质热电联产项目工地发生一起事故，1 名工人在拖拽施工模板材料时（一次性拖拽 4~5 张模板，一张模板长约 2.4 米、宽约 1.2 米、重约 15 公斤），不慎跌倒，其头部左侧太阳穴部位撞击到附近废旧钢筋收集池外壁棱角处，同时模板滑下将他头部压住（安全帽已破裂），后经应急救援和抢救无效死亡。

2. 事故原因

经事故调查组调查分析，发生该起事故的原因如下：

（1）直接原因

由于该项目工地工人在拖拽施工模板材料时，不注意自身安全，一次性拖拽过多，同时未及时清理作业现场地面杂物，致其摔倒后撞击到废旧钢筋收集池外壁棱角处是导致事故发生的直接原因。

（2）间接原因

1）该施工企业现场安全管理不到位，材料装卸区域地面杂物过多。

2）该施工工人对必要的安全生产知识掌握不到位，安全意识淡薄。

3. 事故启示

较多工作场所会发生滑倒、绊倒、摔倒、跌倒，常见原因包括：

（1）潮湿或光滑的工作场所地面。

（2）人行道和工作区域杂乱无章。

（3）照明不良。

（4）作业人员使用作业工具不当，低高处作业未做好有效的防护措施。

跌倒往往是由于作业人员急切心理，工作场所物料摆放、堆积混乱，作业环境不良等因素造成的。本案例就是工作场所地面杂物混乱，锋利物体伤害人体导致死亡的典型事故。这启示生产经营单位不仅仅需要注重作业人员在作业过程中的安全，还要注重作业环境是否适合作业人员作业和活动。创设良好的作业环境不仅能够维护作业人员的职业健康，还能有利于作业安全有序，作业全过程安全得到充分保障。同时作业人员在作业完毕离开作业场所或者应急疏散逃生时也要注意路线通道的危险因素，提高应急疏散逃生能力。

4. 作业人员跌倒摔伤事故的预防措施

（1）创造良好的作业环境，物料堆放整齐有序，疏散逃生通道要保持畅通，严禁堵塞通道。要保障良好的作业照明条件，做好工作场所地面防滑措施，设立必要的防滑安全标志。

（2）作业人员要做好个人防护，穿戴好必要的劳动防护用品，如安全帽、防滑鞋等。

（3）培养和增强安全意识，克服盲目逃生心理，提高应急能力。在日常作业时关注作业环境存在的危险因素，并及时消除。

（4）进行一定高度作业时，不可忽视较低高处作业的危险性，做好防护措施，佩戴安全帽、系好安全带等，使用梯子或在平台作业时应做好固定措施。

职业病工伤典型案例

12.1 尘肺病

1. 案例简述

据有关媒体 2016 年报道，截至 2016 年 1 月 20 日，陕西商洛市山阳县西照川镇共有 109 人被确诊为尘肺病，有 24 人疑似患有尘肺病，需进一步诊断鉴定，有 28 人因尘肺病去世。更令人忧虑的是，确诊人数短期内可能存在持续增长的趋势。

以上数据由当地疾控中心鉴定公布，不是普查数据，没有包括在外地鉴定以及已经患病但没有去医院鉴定的人员，所以实际患病人数要高于公布的数据。

据了解，西照川镇地理位置偏远，交通落后，群众生活水平低下，20 世纪 90 年代以后部分当地人自发前往矿区务工，许多务工人员因各种原因患上尘肺病。

2. 案例原因

（1）作业人员自我保护意识缺失，不懂得个人防护，缺少对职业病的了解。

（2）企业等作业人员所在单位没有履行维护作业人员职业健康的责任和义务，没有对作业人员职业病进行有效预防。

（3）有关部门针对职业病的监管制度和监管力度不够完善。

3. 案例启示

尘肺是由于在生产环境中长期吸入生产性粉尘而引起的肺弥漫性间质纤维化改变的全身性疾病。它是职业性疾病中影响范围最广、危害最严重的一类疾病。目前我国将尘肺病分为 12 类，其中矽肺是尘肺中进展最快、最为严重、最常见、影响范围较广的一种职业病。

从国家卫健委发布的《2019 年我国卫生健康事业发展统计公报》可知，2019 年全国共报告各类职业病新病例 19 428 例，职业性尘肺病及其他呼吸系统疾病 15 947 例（其中职业性尘肺病 15 898 例）。这说明当前尘肺病仍是职业病防治工作中的重中之重。尘肺病产生原因在于预防不足和监管缺失。尘肺病患者的工作单位大多是民营小企业，以矿山和工地为主，这些工作场所安全防护严重不足，绝大部分作业人员在工作中没有戴防尘呼吸防护用品。

本案例警示当作业人员发现和接触职业有害因素时，应及时上报企业及有关部门，尽早脱离职业病危害因素。尘肺病患者一旦确诊，应立即脱离接触有害粉尘，并做劳动能力鉴定（即根据患者全身状况、X射线诊断分期及结合肺代偿功能确定），并安排适当工作或休息。

4. 尘肺病的预防措施

（1）一级预防

一级预防措施主要包括：综合防尘；尽可能采用不含或含游离二氧化硅低的材料代替含游离二氧化硅高的材料；在工艺要求许可的条件下，尽可能采用湿法作业；使用个人防尘用品，做好个人防护；对作业环境的粉尘浓度实施定期检测，使作业环境的粉尘浓度达到国家标准规定的范围之内；宣传教育、普及防尘的基本知识；加强维护，对除尘系统必须加强维护和管理，使除尘系统处于完好、有效的状态。

（2）二级预防

二级预防措施主要包括：建立专人负责的防尘机构，制定防尘规划和各项规章制度；对新从事粉尘作业的职工，必须进行健康检查；对在职的从事粉尘作业的职工，必须定期进行健康检查，发现不宜从事接尘工作的职工，要及时调整。

（3）三级预防

三级预防措施主要包括：对已确诊为尘肺病的职工，应及时调整原工作岗位，安排合理的治疗或疗养，患者的社会保险待遇按国家有关规定办理。

12.2　职业性中暑

1. 案例简述

2013 年夏，全国很多地方出现了罕见的持续性高温天气。受其影响，南通市 2013 年中暑病人多于往年，南通市疾病预防控制中心将其诊断的 1 例职业性重症中暑（热射病）死亡病例报告如下。

本例患者男性，47 岁，某环境卫生管理处拉灰工。2013 年 8 月 8 日，当日气温 38 ℃，患者凌晨 3 时 40 分左右送第一车垃圾到某小区中转站时感觉不舒服，休息 20 分钟后去另一处清运垃圾，5 时 10 分左右被发现晕倒在地，口吐白沫，随后被送至当地医院急诊救治。

该患者夏季室外高温作业职业史明确。在高温环境作业中出现高热、意识不清及严重的中枢神经系统症状，多器官功能障碍直至死亡，临床确诊为热射病。既往身体健康，无其他疾病史。根据病史、既往健康情况、临床表现、辅助检查等排除了脑出血、脑炎、其他中毒所致的昏迷、糖尿病酮症酸中毒、非酮症高渗性昏迷等疾病。根据《职业性中暑的诊断》（GBZ 41—2019），诊断为职业性重症中暑（热射病），其死亡原因为热射病。

2. 案例原因

持续高温天气，给道路清扫保洁等露天环卫作业带来了严峻的考验，一般高温作业会导致中暑等，本案例属于高温作业引起的热射病事故。

3. 案例启示

高温作业对人体的危害主要有以下几个方面：

（1）会使体表丧失散热作用，造成体温调节紊乱。

（2）对水和电解质平衡与代谢产生影响，大量出汗会使体内各种物质流失严重。

（3）对人体循环系统的影响。高温作业造成皮肤血管扩张，大量血液流向体表，使体内温度容易向外发散。

（4）对消化系统的不利影响。高温作业时，胃肠道活动出现抑制反应，消化液分泌减弱，胃液酸度降低。

（5）对神经系统影响严重。高温作业易引起作业人员的注意力、肌肉工作能力、动作准确性和协调性以及反应速度降低，极易造成工伤事故。

（6）会使尿液浓缩，增加肾功能负担，对泌尿系统影响严重。

中暑按发病机理可分为热射病、日射病、热衰竭和热痉挛四种类型。本案例患者便是热射病。对于高温作业可能带来的伤害，有关单位和作业人员应及时采取预防措施，改善工作环境和条件，降低职业病危害因素伤害。

4. 职业性中暑的预防措施

职业性中暑往往是因长时间高温作业引起，高温作业危害的控制措施主要包括以下几个方面。

（1）从改进生产工艺过程入手，采用先进技术，实行机械化和自动化生产，从根本上改善劳动条件，减少或避免工人在高温或强热辐射环境下劳动，同时也减轻了劳动强度。如冶金车间的自动投料、自动出渣运渣、制砖场的自动生产线等。

（2）在进行工艺设计时，应设法将热源合理布置，将其放在车间外或远离工人的地点。对于采用热压为主的自然通风，热源应布置在天窗下面。采用穿堂风通风的厂房，应将热源放在主导风的下风侧，使进入厂房的空气先经过工人的操作地带，然后经过热源位置排出。

（3）隔热是减少热辐射的一种简便有效方法。对于现有设备中不能移动的热源和工艺要求不能远离操作带的热源，应设法采用隔热措施。如利用流动水吸走热量，是吸收炉口辐射热较理想的方法，可采用循环水炉门、瀑布水幕、水箱、钢板流水等；也可利用导热系数小、导热性能差的材料，如炉渣、草灰、硅藻土、石棉、玻璃纤维等，制成隔热板或直接包裹在炉壁和管道外侧，达到隔热的目的，缺乏水源的工厂以及小型企业和乡镇企业，更适合于采用这种隔热方式。

（4）通风是改善作业环境最常用的方法，常见的有自然通风和机械通风两种方式。自然通风是利用车间内外的热压和风压，使室内外空气进行交换，但是高温车间仅靠这种方式是不够的。在散热量大、热源分散的高温车间，一小时内需换气 30 次以上，才能使余热及时排出。因此，必须把进风口和排风口安排得十分合理，使其发挥最大的效能。

（5）预防中暑的方法：在高温环境下从事体力劳动的工人，在劳动前和劳动期间应注意休息、饮水，每日摄盐 15 克左右；除了在热适应期外，过量的盐负荷是有害的，因为会导致钾丢失；气温特高时，可更改作息时间，早出工、晚收工而延长午休时间，以免因出汗过多、血容量减少而影响散热；在工作现场要增加通风降温设备。

12.3 职业性噪声聋

1. 案例简述

冼某芝在华帝股份有限公司（以下简称华帝公司）从事碰焊工作，长期接触噪声职业病危害因素。后冼某芝因职业病"职业性轻度噪声聋"（右耳听力丧失50分贝，左耳听力丧失53分贝）被认定为工伤，伤残等级鉴定结论为八级。

冼某芝以健康权纠纷为案由，向法院提起诉讼，请求华帝公司赔偿残疾赔偿金271 770元、被扶养人生活费197 472.5元、精神损害抚慰金30 000元。庭审中，因一次性伤残补助金与残疾赔偿金有重合，故在其主张的残疾赔偿金中扣除已收取的一次性伤残补助金30 140元。

一审广东省中山市第二人民法院判决：华帝公司向冼某芝支付残疾赔偿金215 710元、被扶养人生活费222 110.93元、精神抚慰金15 000元，合计452 820.93元。

华帝公司公司不服，向广东省中山市中级人民法院提起上诉。广东省中山市中级人民法院二审判决：驳回上诉，维持原判。

2. 案例原因

作业过程接触噪声等职业危害因素导致职业性噪声聋。

3. 案例启示

在生产过程中产生的一切声音都称为生产性噪声。生产性噪声按其声音的来源可大致分为以下几种：

（1）机械性噪声

由于机器转动、摩擦、撞击而产生的噪声，如各种车床、纺织机、凿岩机、轧钢机、球磨机等机械所发出的声音。

（2）空气动力性噪声

由于气体体积突然发生变化引起压力突变或气体中有涡流，引起气体分子扰动而产生的噪声，如鼓风机、通风机、空气压缩机、燃气轮机等发出的声音。

（3）电磁性噪声

由于电机中交变力相互作用而产生的噪声，如发电机、变压器、电动机所发出的声音。

噪声对作业人员的影响是持续渐进的，作业人员在生产过程中需要注意作业环境是否存在噪声等职业危害因素，并根据作业环境做好相应个人防护。企业应合理改善作业环境，避免噪声等职业危害因素损害作业人员职业健康。

4. 职业性噪声聋的预防措施

（1）职业性噪声聋的预防措施

1）消除或降低声源的噪声，使其降低到噪声卫生标准。

2）消除或减少噪声传播，从传播途径上控制噪声，主要是阻断和屏蔽声波的传播。

具体措施主要有：企业总体设计布局要合理，强噪声车间要与一般车间以及职工生活区分开；车间内强噪声设备与一般生产设备分开；利用屏蔽装置来阻止噪声传播，如隔声罩、隔声板、隔声墙等隔离噪声源，强噪声作业场所要设置隔声屏；利用吸声材料装饰车间墙壁或悬挂在车间里，以吸收声能。

（2）预防噪声的个人卫生保健措施

1）加强个人防护是防止噪声性耳聋简单易行的重要措施，个人防护用品有防声耳罩、耳塞、帽盔。

2）加强听力保护与健康监护，定期对职工进行健康检查，重点检查听力，对高频听力下降超过 15 分贝者，应采取保护措施。就业前进行保健检查，以发现职业禁忌证。

3）合理安排劳动与休息，实行工间休息制度，休息时要离开噪声源。

4）监测车间噪声，鉴定噪声控制措施的效果，监督噪声卫生标准执行情况。

5）为保护接触噪声职工的健康，就业前必须进行健康检查。这是预防噪声危害的重要保护措施之一。

12.4　职业性中毒

1. 案例简述

患者女性，35 岁，重庆市万县人，进城务工人员。2006 年 4 月中旬开始出现食欲不振、恶心、腹痛、腹泻、腰部酸痛、手脚麻木、疲乏无力、头昏、多梦等症状，5 月 3 日出现双下肢水肿，5 月 4 日到荆州市第一人民医院检查，尿蛋白 +++，以"肾炎"治疗。因无好转，于 5 月 27 日转入荆州市第二人民医院，以"肾病综合征"治疗数日仍无好转，于 6 月 5 日转入荆州市疾病预防控制中心（以下简称疾控中心）职业病防治所。

患者 2006 年 2 月 15 日在荆州市疾控中心进行上岗前职业健康检查，检查项目包括内科常规、口腔科常规、神经系统常规、血常规、尿常规、血清丙氨酸转氨酶（ALT）、心电图、B 超、胸部 X 线等，检查结论为健康合格、可上岗。2006 年 2 月 18 日至 2006 年 5 月 5 日患者在荆州市某荧光灯厂一车间 2 号机台（排气车）任排气工。该车间共有 3 台排气车，均匀布置在面积约 100 平方米的厂房内。排气车下有一圆形水池，水池中注入冷水以减少汞蒸气蒸发。排气车上方安装有局部抽风排气罩，工人操作岗位附近有局部送风设施。排气工序主要工艺流程为：注汞、封口、排气。主要职业病危害因素为汞和高温。2004 年 9 月，荆州市疾控中心曾对荧光灯厂 5 个排气车间的排气作业岗位职业危害做过现场检测：汞质量浓度（短时间接触浓度，PC—STEL）为 0.132~0.403 毫克 / 立方米（超过国家卫生标准 3~10 倍），湿球黑球温度（WBGT）指数为 28.3~29.6 ℃。其中，一车间 2 号机台排气岗位汞浓度为 0.403 毫克 / 立方米，WBGT 指数为 29.2 ℃。

荆州市疾控中心职业病诊断小组根据患者职业史、既往史、临床表现、实验室检查结果及现场卫生学调查，排除其他疾病，诊断为职业性急性中度汞中毒。

2. 案例原因

作业人员所在的工作场所主要职业病危害因素为汞和高温，

经荆州市疾控中心对荧光灯厂 5 个排气车间的排气作业岗位职业危害做过现场检测：汞质量浓度超过国家标准，已对作业人员健康造成职业伤害。

3. 案例启示

毒物引起的全身性疾病，称为中毒。由工业上使用的化学毒物引起的中毒，称为职业中毒。职业中毒分为三种类型：

（1）急性中毒

急性中毒是指一次短时间的，如几秒乃至数小时的经皮肤吸收或呼吸道吸入；如经口时，则指一次的摄入量或一次服用剂量所引起的中毒。

（2）慢性中毒

慢性中毒是指长时间的，如吸入、经皮肤侵入或经口摄入数月或数年引起的中毒。

（3）亚急性中毒

介于急性与慢性中毒之间的，称为亚急性中毒。

本案例患者的职业中毒类型为职业性急性中度汞中毒，在生产作业过程中一定要对职业病危害因素进行有效检测和消除，企业要维护好作业人员的职业健康，作业人员也要注重个人有效防护。

4. 职业性中毒的预防措施

（1）消除和控制生产环境中的毒物

1）采用无毒或低毒物质代替有毒物质。

2）改革工艺过程，生产设备、生产过程尽可能机械化、自动化、密闭化。

3）厂房建设和生产过程应合理设置。

4）通风排毒。

（2）合理使用个人防护用品。

（3）加强健康教育，做好卫生保健工作。

1）加强卫生宣传教育，普及职业卫生防护知识。

2）定期检查职业卫生开展情况，检测生产环境毒物浓度。

3）做好健康监护工作。

4）消除和控制环境污染，使其排出量低于国家标准。

5）加强毒物安全保护工作，防止意外伤害。其中预防职业中毒，应进行毒物危害的管理：

①杜绝跑、冒、滴、漏是监督管理的一大重点。

②安装通风排毒设备。

③配备防毒口罩、防毒面具、手套等个人防护用品。

④严禁违法倾倒或排出有毒物质。

⑤根据毒物的毒性和防护措施等，制定体格检查项目、周期，配备必需的急救设备。

⑥组织职工安全生产教育，学习自救、互救知识。

⑦尽量消除或者替代毒物在生产中的接触机会。

⑧凡化学物品均须写明品名、毒性级别，并放在特定的、醒目的位置，不得任意乱放。

12.5 职业性眼病

1. 案例简述

紫外线可引起职业性电光性眼炎，常见于电焊、电炉炼钢等作业人群，储蓄员使用票据多功能鉴别仪导致急性电光性眼炎的病例此前未见报道。北京大学第三医院诊断了 1 例储蓄员职业性急性电光性眼炎。

本例患者工作使用的票据多功能鉴别仪具有发射 UVC 功能，紫外线照射后出现相应荧光反应和图案，工作人员通过观察该反应，核验存折真伪，每次检测时需双眼直视仪器的紫外线光源数秒。该仪器摆放位置距患者双眼直线距离 20 厘米左右，患者发病当天为业务高峰时期，仪器紫外线光源打开时间较长，患者工作时双眼直视光源，未佩戴任何防护眼镜，接触约 6 小时后眼部出现不适症状，检查发现角膜损伤，治疗后迅速好转。根据患者的临床症状、体征以及紫外线接触史，依据《职业性急性电光性眼炎（紫外线角膜结膜炎）诊断标准》（GBZ 9—2002），诊断为职业性急性电光性眼炎。

2. 案例原因

紫外线照射眼睛时，可引起急性角膜炎，常因电弧光引起，故称为电光性眼炎。本案例患者长期接触紫外线等职业病危害因素，且未做充分的防护措施，因而患上职业性急性电光性眼炎。

3. 案例启示

目前储蓄员尚未纳入职业健康监护人群，因此，预防和控制职业性电光性眼炎的关键在于做好职业健康教育和安全防护培训，作业人员严格遵守操作规范，提高防护意识，若发生疑似疾病时，应及时就医；企业加强监督管理，降低劳动强度和缩短劳动时间，减少接触危害等。

4. 职业性眼病的预防措施

职业性电光性眼炎是职业性眼病之一，职业性眼病的预防措施主要包括以下几个方面：

（1）改进设备、工艺

从源头上控制危害，如在危害产生设备上安装有效的机械防护罩等。

（2）加强安全防护教育，严格执行操作规程

化学性眼外伤中，很多情况是作业人员粗心大意，违反安全操作规程所致。作业人员在作业期间尽量不要揉搓眼部，有化学品喷溅或粉尘操作岗位应配备洗眼器、洗眼装置或有流动水源以备应急时使用。

（3）佩戴防护用品

根据有关组织提供的数据，大多数眼部伤害事故可以通过佩戴合适的眼面护具得以预防或减轻伤害。面部防护用品种类很多，根据防护功能，大致可分为安全防护眼镜、激光护目镜、微波护目镜、防尘眼罩、防化学眼罩、焊接用眼面护具、防高温面屏、防冲击面屏、防化学面屏、防红外面屏以及呼吸器全面罩等。

12.6 职业性皮肤病

1. 案例简述

2011 年 6 月 29 日，湖南省益阳市疾病预防控制中心受理一起职业性皮肤病"硬皮样改变"诊断。

患者单位职业卫生情况：2004 年 3—7 月为左羟丙哌嗪产品预试验期间，患者未采取个人防护措施，采用手工操作，并且作业场所无配套的更衣间、洗浴间等卫生设施，也无职业病危害防护设施等；2004 年 7 月至 2008 年 6 月，陆续小规模投入生产左羟丙哌嗪，部分机械操作，产品少、规模小，从事生产人员 10 人左右；2008 年 7 月开始正式投入左羟丙哌嗪规模生产，从事生产人员 18 人，产品多、规模大，经生产技术改革，自动化程度高，职业病防护设施完善，采取了个人防护措施，职业病防治管理制度等齐全。

综合分析如下：该企业在开发产品左羟丙哌嗪预试验期间发生 3 例病例，患者均在产品左羟丙哌嗪预试验期间加苯胺原料时采用手工操作，均为混合工种，苯胺可经皮肤、呼吸道大量吸收。现场卫生学调查发现，作业人员未采取职业病防护措施，职业病防护设施不全。

根据《职业性接触性皮炎的诊断》（GBZ 18—2019）及职业病诊断和流行病学的病因推断原则，苯胺及其化合物所致的职业性皮肤病—职业性变应（过敏）性接触性皮炎（硬皮病样改变）的诊断成立。

2. 案例原因

3 名作业人员在产品左羟丙哌嗪预试验期间加工苯胺原料时采用手工操作，苯胺经皮肤、呼吸道吸收进入作业人员体内致其发病。3 名作业人员未采取防护措施便进行作业，工厂安全管理不力，未配备符合要求的防护措施。

3. 案例启示

此次病例的发生时间均在产品开发试验期间。针对这次职业性皮肤病的发生，可知在产品的开发试验期间，应高度重视职业病防治工作。做好职业病"三级预防"，减少"硬皮样改变"职业性皮肤病等的发生。加强生产操作过程的密闭化、连续化、机械化及自动化水平，使用苯胺原料时用抽气泵加料代替手工操作，以免作业人员直接接触；做好个人防护，作业人员从事工作时特别是检修时应穿全套防护服，即紧袖工作服、长筒胶鞋、戴胶手套等，工作完应用温水彻底淋浴。产品正式投入运行后，加强职业病防治管理，落实职业病防治措施。

鉴于"硬皮样改变"对人的危害严重，部分病例呈现不可逆倾向，给患者带来巨大的痛苦，因此对该病应引起社会和企业高度关注，找出有机溶剂中能致该皮肤病发生的所有病因，为以后的职业病防护、职业性皮肤病的诊断提供更加科学的依据。

4. 职业性皮肤病的预防措施

案例所述硬皮病属于职业性皮肤病之一，职业性皮肤病的预防措施主要包括以下几个方面：

（1）作业场所预防措施

1）改善劳动条件。操作过程采用自动化、机械化、管道化、密闭化，加强生产设备的清洁、维修与管理。防止作业环境的污染，是预防职业性皮肤病的根本措施。

2）应保持生产、使用、储存、运输化学物质的容器、管道密封性良好，最大限度地采用自动化工艺，要经常检修生产设备，防止生产工艺过程的"跑、冒、滴、漏"发生。

3）工作场所的墙壁、顶棚和地面等内部结构及表面，应采用不吸收、不吸附毒物的材料，必要时应加设保护层；工作车间地面应平整防滑，易于冲洗清扫；可能产生积液的地面应做防渗透处理，并采用坡向排水系统，其废水应纳入工业废水处理系统。

4）车间内存在导致职业性皮肤病化学物质的场所，应设置通风设备，并保持良好通风状态。应配备现场急救用品，设置冲洗喷淋设备，便于污染皮肤后的清洗。

（2）个人防护措施

个人防护用品的正确使用。为防止或减少皮肤接触溶液、蒸气、粉尘等刺激性物质，根据生产条件和工作性质应配备相应的头巾、面罩、工作服、围裙、套袖、手套、胶靴等个人防护用品；在使用中须保持清洁，经常洗涤，特别是贴近皮肤的用品和日常衣服放置处要保洁，防止被污染。为了防止蒸气或粉尘的刺激，宜采用致密而柔软的工作服，工作服的开口处应扎紧，不适当的工作服可增加机械性摩擦促进皮炎发生。采用橡胶制品防护用具时，应注意有少数人对橡胶制品过敏，会发生局限性接触性皮炎。

皮肤防护剂的使用。皮肤防护剂只是作为综合性预防措施的一种手段，在某种情况下可发挥一定的保护作用。使用防护剂必须在工作前涂抹，工作完毕用清水和肥皂洗掉，这样可将附着的刺激物一并洗去。

（3）注意个人卫生

搞好环境和个人卫生，是最有效的防护措施之一。在生产过程中产生的刺激性粉尘、溶液或蒸气等会污染设备、工具及车间环境，因此常打扫车间环境及清洁工具，可减少污染皮肤的机会。要养成良好的卫生习惯，手部最易被污染且会将刺激物带到其他部位，因此手部被污染后应及时洗掉。作业人员接触刺激物后应淋浴，淋浴时不宜用过多的肥皂，特别是碱性大的肥皂，如每天需洗澡时，应备一些碱性小的肥皂。洗澡时水不宜过热或拿洗巾用力搓擦，这样会因增加机械性摩擦而促使皮炎的发生和加重。

（4）职业卫生管理

1）企业应加强在生产、使用、储存、运输过程中，对职业性皮肤病致病因素的职业卫生管理，严格执行操作规程；做好职业病防护设施的维护管理，建立职业病防护设施维护、检修记录；应定期检测作业场所职业病危害因素浓度，及时发现问题并予以整改。

2）对于接触职业病危害因素的作业人员，应进行职业病防治知识培训，使其掌握个人防护措施及个人防护用品的正确使用和保养方法。要做好作业人员上岗前的职业健康检查，严禁患有皮肤疾病者从事接触具有职业性皮肤病致病因素的作业，定期组织作业人员进行健康检查，以及时发现职业禁忌人员和遭受职业损害人员，并妥善安置。对体质特殊敏感的作业人员要妥善安排，以减少个体因素的影响。

3）职业禁忌证的基本原则是：有严重的变应性皮肤病、全身慢性皮肤病或手部湿疹患者，不宜接触可诱发或加剧该病的致病物；严重痤疮及脂溢性皮炎患者，不宜接触致痤疮的化学物；严重的皮肤干燥、掌跖角化及皲裂者，不宜从事接触有机溶剂、碱性物质、无机砷化合物和机械摩擦等；对光敏感者，不宜从事接触光敏物或在日光及人工紫外线灯光下工作；过敏体质或患有慢性皮肤病者，不适合在化工、制药等车间工作。

4）此外，某些化学物在引起职业性皮肤病的同时，还可经皮肤、呼吸道或其他途径吸收进入人体引起中毒，因此在做好皮肤防护的同时，还应注意呼吸防护。

12.7　职业性肿瘤

1. 案例简述

2017 年 11 月，石家庄市职业病防治院出具了 1 例职业性肿瘤（苯所致白血病）已死亡的职业病诊断证明书，工伤认定部门据此认定了工伤。

本案例女性，45 岁，大专毕业后在生产水泥的某建材企业化验室任检验员 16 年。2003 年该企业拆除水泥设备后转产农药制剂，2004 年 5 月至 2016 年 10 月任某农药制剂企业检验员。

职业卫生现场调查：患者从事化验员和乳剂包装检验等工作，用人单位的乳剂农药生产使用大量的工业用二甲苯，生产场所和工艺流程为最原始落后的方式，由化验员手工取样，且化验室为面积不足 102 平方米、密闭无窗、无抽风设备的狭小房间；同工种工友职业健康检查中发现存在白细胞和中性粒细胞减少者；该用人单位地处某村的西部，其根据农药的使用季节以雇佣周边进城务工人员为主，这些人大多没有接受过职业健康检查，本例死亡患者也从未参加过职业健康检查。

经诊断，该患者确定患上职业性肿瘤。

2. 案例原因

该患者在生产水泥的某建材企业化验室担任检验员 16 年，从事化验员和乳剂包装检验等工作，在作业环境下大量接触工业用二甲苯致其发病。

公司提供的作业环境通风不良，不符合作业要求；公司未对作业人员进行职业健康检查；公司存在严重的管理漏洞和隐患，但并未被相关检查部门发现。

3. 案例启示

工作环境中长期接触致癌因素，经过较长时间的潜伏期，在机体特定的器官可发生肿瘤，即职业性肿瘤。虽然职业性肿瘤对健康危害严重，但职业性肿瘤可以预防。

作业人员在从事化学品相关工作时，应注意自己的作业环境和个人防护，企业应为作业人员提供安全且符合规范要求的作业环境和防护设施，并对从事危险作业的作业人员提供职业健康检查。

4. 职业性肿瘤的预防措施

职业性肿瘤由于致病因素比较清楚，因此，可以采取有效的对策来预防，职业性肿瘤的预防措施主要包括以下几个方面：

（1）加强对职业性致癌因素的控制和管理

识别、鉴定、严格控制与管理职业性致癌因素，不接触或减少接触职业性致癌因素是预防职业性肿瘤的一级预防，效果最好。致癌物分为两大类：一类为可避免接触的，如萘胺、亚硝胺等，应停止生产与使用；另一类目前仍需使用的工业化学物，如氯乙烯、羰基镍，则可根据现有资料，提出暂行技术标准严格控制接触水平，并定期监测，使其浓度或强度控制在国家职业卫生标准规定以下。另外，对新化学物质，应做致癌性筛试，提示有强致癌性的，应停止生产和使用。

（2）改革工艺流程，加强卫生技术措施

改革生产工艺，加强通风，不断提高生产自动化、机械化、密闭化程序，避免或减少接触致癌因素；加强原料选用，限制原材料中有毒物质的含量、采用无毒或低毒的物质代替有毒的致癌物质，如石棉生产中，限制主要引起间皮瘤的青石棉的用量；对于不能立即改变工艺流程或目前也无法代替的致癌物，应采取严格综合措施，控制作业人员接触水平。

（3）加强健康教育，提高自我防护能力

首先要加强卫生宣传教育，让广大作业人员了解致癌物质的特性及其对人体的危害、进入人体的途径及防护措施，增强作业人员的防范意识；工作服应集中清洗、去除污染，禁止穿回家；处理致癌物时，应严防污染厂外环境；许多致癌物与吸烟有协同作用，应在接触人群中开展戒烟教育；对于与作业人员行为方式密切相关的因素，如操作规范、个人防护用品使用、卫生习惯等，应加强职业健康促进教育，达到自我保护的目的。

（4）健全医学监护制度对肿瘤高危人群进行医学监护

定期体检、早期发现，及时诊断治疗是行之有效的措施，可能检出肿瘤前期的异常改变或早期阶段的肿瘤，以降低早期肿瘤的发生率和死亡率。在职业性肿瘤中，目前仅尿沉渣脱落细胞涂片检查对早期诊断膀胱癌有意义。因此，要加强医学监护工作效率和效能的研究。

12.8　职业性放射性疾病

1. 案例简述

电离辐射致人体最主要的随机性效应是诱发肿瘤，而最常见的肿瘤就是白血病。现就新疆一例基层医用诊断 X 射线工作人员，因在长期职业活动中接触 X 射线外照射，导致慢性粒细胞性白血病的调查、分析和诊断。

患者 1982—1994 年期间在基层卫生院放射科工作时，防护条件极其简陋，除正常工作外，每年还有短期大批量健康体检，受照剂量较大，患者自身防护意识淡薄，除做胃肠 X 射线外，基本不使用个人防护用品。依据国家《外照射慢性放射病剂量估算规范》（GB/T 16149—2012）和《职业性放射性肿瘤判断规范》（GBZ 97—2017），参照个人剂量档案、工作量调查和参考现场监测数据，粗略估算出该患者 21 年累积受照剂量为：有效剂量当量 1.2 希，红骨髓吸收剂量为 0.91 戈，病因概率分析 PC 值为 66.2% ≥ 50%。可以诊断为放射性肿瘤。

2. 案例原因

该患者 1982—1994 年期间在基层医院工作，长时间使用透视机进行透视、拍片等工作，并与受检者在同一室内，且防护设施不完备，致使其发病。

医院所用的诊断设备不符合要求，自身防护性能差；医院未给作业人员提供完备的个人防护用品。

3. 案例启示

辐射防护工作近年来在各大医院得到了足够的重视，通常采取隔室操作、定期健康体检、个人剂量监护和防护知识培训，明显降低了工作人员的受照剂量，发生放射损伤的概率极小。但在基层卫生院、边远和经济落后地区，上述防护措施在短时间内还难以落实，仪器设备仍然陈旧落后，防护性能差，个人防护用品配备、健康监护和个人剂量监测不能按国家规范要求进行，需要政府行政部门给予重视，加强监管和扶持力度，对基层卫生院、边远和经济落后地区要重点扶持，更新设备，改善工作条件；对放射工作人员要加强防护知识培训，提高自身防护意识；政府对新农合资助资金中，应有专项防护配套资金，使职业病危害在基层和经济落后地区得到有效的控制。

4. 职业性放射性疾病的预防措施

职业性放射性疾病的预防措施主要包括以下几个方面：

（1）加强放射作业环境有害物质因素的检测。及时维修超剂量暴露的仪器设备。

（2）加强放射作业人员的个人防护。如封闭隔离操作、佩戴个人防护用具、配备个人剂量计。

（3）严格控制每人每日普照、介入治疗人数，减少操作者每日暴露放射剂量，避免放射反应。

（4）严格按照国家的各项规章制度和标准办事，严格上岗前、在岗期间和离岗时的职业健康检查，严禁无岗前职业健康检查和培训的人员从事放射工作。有职业禁忌证的医生应及时调离放射作业，并妥善安置其他工作，离岗时进行职业健康检查。有可疑职业性放射病的人员应及时进行职业病诊断，以保护劳动者的身心健康和合法权益。

（5）加强接触放射线作业人员和职业卫生管理者的职业健康教育和相关法律法规的培训，使从事放射作业的人员了解和掌握放射的职业危害，加强自我保健意识和职业病的法律意识，避免职业病发生。

12.9　职业性传染病

1. 案例简述

护士小雪（化名），29岁，1999年护校毕业后在广州某市一家二甲医院当合同制护士。2007年9月的一天，小雪开始腹泻，这场腹泻持续了一个多月，使小雪迅速消瘦。但住院检查并没有找出腹泻的原因，10月底在取血检查中发现HIV阳性。小雪随即被转入广州市第八人民医院，最终确诊为艾滋病。

2. 案例原因

（1）工作中防护不当，被病人用过的针头扎伤致使感染艾滋病。

（2）医院对护士的安全培训不到位；医院未提供完备的防护措施；医院对病人用过的注射器、输液器、针头等废物未采取合理的处理方式。

3. 案例启示

针刺伤是临床医务工作中最常见的一种职业性损伤，医务人员在完成病人的检查、诊断、治疗、护理等工作中存在着被医疗锐器物刺伤的潜在危险，特别是在临床护理工作中，护士要完成大量的注射、采血、输血、输液等操作，被注射针头刺伤的发生率更高。医务人员发生针刺伤最大的职业风险是感染血源性传染病。

职业性传染病是指在特殊工作场所因感染细菌或病毒而患的传染病，除了上述案例的艾滋病（限于医疗卫生人员及人民警察），职业性传染病还包括炭疽、森林脑炎、布鲁氏菌病、莱姆病。对待传染病需重视，在易产生传染病的职业中，用人单位应注重职业卫生和职业防护，维护职业工作者的职业健康。

4. 职业性传染病的预防措施

职业性传染病的预防措施主要包括以下几个方面：

（1）管理好传染源。

（2）严格消毒或烧毁病人的用具、被服、分泌物、排泄物及病人用过的敷料等。

（3）对可疑病畜、死畜必须同样处理，禁止食用或剥皮。

（4）及时切断传播途径，对可疑污染的皮毛原料应消毒后再加工。

（5）牧畜收购、调运、屠宰加工需经兽医检疫。

（6）防止水源污染，加强饮食、饮水监督。

（7）保护易感者，对从事畜牧业、畜产品收购、加工、屠宰业、兽医等工作人员及疫区的人群，可给予炭疽杆菌减毒活菌苗接种，每年接种 1 次。需要与病人密切接触者，可以应用药物预防。

12.10　职业性滑囊炎

1. 案例简述

患者男性，41 岁，在某五金塑胶有限公司从事抛光工作 5 年零 6 个月，该抛光工种需要工人用双膝顶着机器固定金属件进行抛光作业，双膝关节持续受到振动、摩擦。患者因双下肢发麻、疼痛 2 年余住院。起病初期右下肢发麻、疼痛，走路时加重，1 年后左下肢亦出现类似情况，天气变化时上述症状尤为明显，但没有到医院检查治疗；约 2 年后才在当地医院做彩超检查，诊断结果为双髌骨前滑囊积液、滑囊炎。

2. 案例原因

作业人员作为抛光工人，在其作业过程中，滑囊长期受到摩擦、压迫、挤压和碰撞导致其患滑囊炎。主要原因是工厂未提供完备的防护设备，未对员工进行定期职业健康检查。

3. 案例启示

作业人员在从事相关工作时应做好防护，工厂应该提供完善的个人防护措施，并定期组织员工进行职业健康检查；及时排查设备的安全隐患。

其他职业病主要包括金属烟热、滑囊炎（限于井下工人）、股静脉血栓综合征以及股动脉闭塞或淋巴管闭塞等病症（限于刮研作业人员）。生产经营单位要注重对易患上其他职业病的作业群体的防护，构造健康良好的作业环境，维持职业卫生和职业健康。

4. 职业性滑囊炎的预防措施

职业性滑囊炎的预防措施主要包括以下几个方面：

（1）加强劳动保护，养成劳作后用温水洗手的习惯。休息是解决任何关节疼痛的首要方法。如果疼痛的部位在手肘或肩膀，建议将手臂自由地摆动，以缓解疼痛。

（2）避免长期关节摩擦和关节感染。

（3）避免穿过紧的鞋子，以预防因鞋子过紧而引起跟后滑囊炎。